太陽活動と気候変動

HISTOIRE SOLAIRE ET CLIMATIQUE

フランス天文学
黎明期からの
成果に基づいて

エリザベート・ネム＝リブ
ジェラール・チュイリエ 著

北井 礼三郎 訳

恒星社厚生閣

Originally published in France as:
"HISTOIRE SOLAIRE ET CLIMATIQUE"
by Élisabeth NESME-RIBES, Gérard THUILLIER and Jean-Claude PECKER
©Editions Belin/Humensis, 2000

This book published in Japan 2019
by Kouseisha Kouseikaku Co., Ltd., Tokyo
by arrangement with HUMENSIS, through le Bureau des copyrights Français, Tokyo.

目次

はじめに IX

訳者まえがき XV

序論 XIX

第1章　近代天文学の夜明け

17世紀初頭の天文学の知見 2

黒点と極東での天文学 10

ガリレオ式望遠鏡とそれを用いた観測 13

17世紀の政治状況 19

フランス王立科学アカデミーと17世紀におけるパリ天文台のヨーロッパ学派 ... 20

天文学部門 22

パリ天文台 24

第2章　フランス天文学

科学目的 30

フランス天文学の装置開発 36

ジャン・ピカールと精密天文学 42

ジャン・ピカールのウラニボリ訪問 49

ジャン・ピカールと天体直径の測定 51

王立科学アカデミーの大きな業績 56

第3章　太陽

太陽は1つの恒星である 60

太陽の物理的構造 62

太陽の自転 66

太陽は変動する恒星である 69

太陽変動の源としての磁場 80

太陽から放出されるエネルギー 83

太陽直径は太陽活動の指標であるのか 88

第4章　太陽定数の変動

太陽黒点磁場による熱的効果 94

17世紀の観測 94

1610年以降の太陽定数の復元 100

周期的な変動をもち、時には活動の休止期間がある恒星は太陽だけであろうか ... 103

太陽の周期的変動 105

数万年の周期 110

長期の進化 111

超長期進化と太陽光度の永年変化 112

第5章　地球の気候

気候の概念 116

過去の気候をいかにして知るか 117

地球の気候は変動したのであろうか 123

フィードバック効果と非線形効果 128

地球気候に関わる諸要素 129

地球気候の歴史上の主な周期 152

気候システムのフィードバック作用 156

太陽と地球気候 158

太陽が地球気候に及ぼす影響への疑念 163

太陽活動変動の増幅作用 167

気候モデル 170

第6章　将来の気候

決定論とカオス 174

中長期の気候変化 178

19世紀初頭からの気候状況 179

地球温暖化が導くもの 180

短期気候変化の原因 182

仮説A：太陽独自の原因による21世紀の気候変動 ... 183

仮説B：人為放出物質による21世紀の気候変動 185

現在の気候変化とそのモデル化 190

様々なモデルとそれらの正当性 194

どうすべきか 196

具体的な行動 197

気候の研究 200

結論 203

おわりに 205

用語解説 209

参考文献 223

訳者あとがき 237

事項索引／人名索引 240

謝辞

　フランス学士院会員でコレージュ・ド・フランス教授であるジャン゠クロード・ペケア氏（Jean-Claude Pecker）には、適切なコメントと示唆をいただいたこと、さらには、本書の「はじめに」を記していただいたことに感謝します。

　それに劣らず、パリ第 6 大学のアニー・シャンタル・ルバスール゠ルグール天体物理学教授には、有益な助けをいただきましたし、CNRS（フランス国立科学研究センター）航空局研究者ミシェル・エルセには、その太陽物理および科学史についての知識で本書の執筆の際に大層助けていただき、感謝しております。

　ラフレーシュ・プリタネ防衛高校の主任学芸員であるコウブラン氏には、ジャン・ピカールについての文書を提供していただいたことに感謝します。本書は、必要な書籍や論文を取り揃えてもらった司書のキャスリーン・カードン夫人のてきぱきとした助けによって、また図のデザインは有能なロベール・オロンベル氏の力添えで実現しました。

　最後に、私の妻フランソワーズには、この書籍の編集中の色々な援助、忍耐と助言に感謝します。

エリザベートの思い出とその記念のために

はじめに

　この文を書き始めるにあたって、私は大層奇妙でもやもやとした感をぬぐうことができないでいる。私は、第一著者である親愛なるエリザベートが何の断りもなく夭折したことを悲しんでいる。その一方、彼女の思い出が今もあるこの時に、その出版が待たれていたこの著作のはじめに些かの寄与をすることができることを本当に幸せだと感じている。

　太陽観測の歴史は古代に始まるものである。また、気まぐれに変わる気候のことを散りばめて記述した年代記が少なからずある。ところが、これまで、我々自身、生き物、地球とその大気、太陽とその激しい活動が、ある１つの有機体をなしていると考えられたのは稀であった。ある意味で、地球はそして我々自身も、実のところ太陽の中に浸されているようなものである。地球は太陽の光と熱を浴びているし、太陽のちょっとした変動で色々なことが起きている。現在、太陽についての科学的な良書はあるし、気候のもつ影響力を語りかけるすぐれた書籍がある。しかし、太陽活動と気候変動の間の密接な関係は、重要とは考えられてこなかった。よくわかっていないためであるのか、あるいは、未だ議論が分かれる状態であるのか。いずれにせよ、我々の地球と我々の太陽間の密接な関係を証拠立てる観測を述べて、両天体のそこかしこに起きる複雑な物理機構を理解し、太陽系という壮大な磁気装置について１つの包括的な考え方をあたえるのが、本書の主題となっている。

　この問題はますます重要となってきている。人類はこの太陽系という作品の中での一人の俳優であり、人類の活動は、たとえ太陽そのものに影響を与えることはないにしても、また違った方向で地球の気候変動に寄与する。人類は、太陽と競う形で地球の気候に影響をもっている。それは、時には誤って受け取られるものの、我々の惑星を支配するものに対して、我々の知恵と

活動の動機を与えるという面ももっている。

　この書籍は、豊富な内容の、そしてよく練られた6つの章でできている。許していただけるならば、著者たちの念頭にあることを強調するために、そして、太陽と気候の歴史がどのような点で結合しているかについての知見を示すために、著者らの執筆プランをここで繰り返してみたい。第1章 近代天文学の夜明け、第2章 フランス天文学、第3章 太陽、第4章 太陽定数の変動、第5章 地球の気候、第6章 将来の気候である。

　この執筆プランは第4章に焦点があてられている。そこでは、初期の太陽観測の歴史が詳細にかつ正確に記されている。17世紀までは太陽が変動するということは知られていなかった。そして、この時こそ太陽変動の最終のグランドアノーマリー（極端異常状態）である「マウンダー・ミニマム」が始まったときであった。それは我々に色々なことを教えてくれた。当時のフランス天文学者の一貫した正確な太陽研究のお蔭で、今日太陽活動と気候変動を結びつける様々な議論を展開できているのである。したがって、マウンダー・ミニマムの原因に関連して、フランス人天文学者の活動を詳しく述べることは自然な流れである。同様に、その時期から太陽の進化について記述を始めて、やがては100万年前からの気候について（地質学、氷河期と間氷期についての氷河年代学の知識を援用しつつ）議論を進める流れも自然なものである。太陽からの光および粒子の放射の変動は、気候に反映される。逆に、古代の気候は、往時の太陽活動の反映でもある。気候の研究から、有史以前の太陽の活動を浮き上がらせることも可能なのである。最後に、引き続く4世紀の年月の間に、この相関について詳しい研究がなされてきた。そして、人類の工業的な生産活動が地球の気候に影響を与えることが近年の気候観測でわかってきた。

　太陽が地球に照射する光量、地球を取り巻いたり突入したりする粒子の流れ、あるいは、天文学的な時間スケールで変動する2つの天体間の距離といった太陽が及ぼす様々な影響を混同しないことが大切である。

　そもそも、太陽は46億年もの間、光を出し続けている。現段階では、太

陽の光度が気候変動の時間スケールで急激に変動しているとは考えられない。さらに、光は太陽の中心で熱核融合反応により作り出されるが、それが表面に伝わるまでに、そして地球に届くまでに数百万年の年月がかかる——その変動の影響は感知できないくらいの長い時間の中に拡散して薄められてしまう。たとえ太陽中心核での比較的に短い時間スケールのエネルギー生成に変動があったとしても、その影響を地球で感知することはおそらく不可能である。重要なのは、太陽から宇宙空間全方向に放射される光の量ではなくて、地球の表面を照らす光である。それは、「太陽定数」と呼ばれるものである。ここで、地球は太陽の赤道面内に位置していることを注意しておかないといけない。確かに太陽からの光で地球は照射されているが、地球が受ける光の量は時間的に変動する。なぜなら、太陽表面の場所によって放射光の強さが変わるからである。太陽全体の放射量は一定ではあるものの、太陽の極地方で暗くなり、極以外の場所は明るくなるということが時々起こる。地球が受ける光の照射は、太陽の極地方からの放射にはほとんど影響されないので、太陽赤道に近い部分からの寄与で強くなる。太陽の磁気的な活動サイクルに従って、太陽定数がこのように変動することは、完璧に観測されている事実である。

　太陽の構造も変化しうる。17世紀までは知られていなかったが、太陽表面から出る光は場所ごとに異なった強さを示す。全体の放射が一定で、表面上の場所によって光の強度が異なるということは、太陽の内部構造に変化がおきているに違いない。とりわけ、対流という撹拌運動によって影響を受けている層では内部構造変化が考えられる。場所ごとに明るさが異なるのは、磁場の影響と考えざるをえない。太陽表面のそこかしこにある磁場領域では、その底部で局所的に温度をさげ、対流撹拌運動を抑える傾向がある。もちろん、磁場、対流および太陽外層の複雑な相互作用を、我々はすべてわかっているわけではない。太陽の自転そのものも、この磁気生成には関係している。

　地球表面への光の照射、そして様々な大洋や大陸に照射する光の分布に変動をもたらす別のプレーヤーは、（極めて長い時間スケールではあるものの）

天文学的な因子の変動である——その因子とは、地球の公転の離心率、公転軌道上の自転軸の傾きなどである。これは、長い期間にわたって予測可能な現象である。なぜならこれらの現象は重力によってのみ引き起こされるものであり、ある意味では天体物理的な太陽の内部の性質には依存しないからである。この変動は、ユーゴスラビアの天文学者ミリューチン・ミランコビッチによって初めてその重要性が見出されたものであるが、我々の地球の氷河期や大きな気候変動の源であり、大陸や海洋の変動に少なからぬ影響をもつものである。

　では、磁場はどうであろうか。太陽が巨大な磁気発生装置であって、活動していることは疑いがない。大きな磁石と同じように、時々太陽表面に小さな磁気をもった領域である黒点が生み出されている。この太陽磁場は活動領域として現れ、そこは時々非常に高速の粒子を宇宙空間に向かって、さらには地球に向けて放出する源となっている。この粒子放射のエネルギーレベルは様々である。時には弱いこともある。この場合は、地球の磁場シールドが地球を保護している。もっと頻繁には、中程度のエネルギーレベルの放射が起こる。このときは、粒子は地球磁場に導かれるようにバン・アレン帯に捕獲されたり、地球の極地方に突入したりする。極地方に突入する粒子は壮大なオーロラを発生させるし、成層圏で励起される電流で地磁気を乱すということをひき起こす。また別のときには、極めて高いエネルギーレベルの放射が起こる。このときには、地球上の高度、緯度にかかわらず大気が影響を受けて、通信回線が激しく乱されるということが起きる。太陽からは、光速度に近い猛スピードでニュートリノも放出される。逆説的であるが、ニュートリノは地球には少しの打撃も与えないし、大気との相互作用がなくほとんど検出されない。地球磁気シールドと超高速ニュートリノ以外の太陽粒子が、色々な形で我々の気候および日々の気象に影響をもっているのである。

　今や我々は、増大する人口と、ここ2世紀ばかりの工業生産活動が環境に影響を与えることをしっかりと認識するようになってきた。色々な原因で起こる汚染が、大気、海洋そして生命を脅かしていることを知っている。そ

れは当然気候にも影響を与えることになり、我々の心配の種となっている。ところが、いま現在、未来の気候はどうなるかわかってはいない。太陽起源か地球起源かにかかわらずに起きる諸々の擾乱の影響を詳しく説明できて、信頼できる気候モデルがなく、これから作り上げることが必要な段階である。本書の最終章の目的は、未だよくわかっていないことによる不定性について注意を喚起すること、したがってこの現象についての研究を深化させる必要性を述べることにある。確かに関係する物理学そのものは決定論的なものではあるが、問題は複雑性に富み、極めて多くの変数パラメーターがあるので「カオス」的な状況といってもいいくらいである。技術的制限から長期間のそして広い空間についてのみ予報ということが可能である。その際には、時間的に短いあるいは空間的に小さいスケールでの予報に必要な類の変動は無視せざるをえないのである。本書の著者は「人類は脆い」ことを強く述べている。人類は、気候の最低限レベルでの変動に対しても敏感で脆いものである。したがって、太陽物理学および地球物理学を進歩させて、太陽活動の影響のより正確な予報を目指すことが我々の望むところである。同時に、人口問題、人間活動の影響も正しく理解しておくことも必要である。それは、我々に課された「社会の問題」なのであるが、いま現在の課題なのである。それは、科学的、理性的で組織的な研究が必要であることを意味している。これに基づかない空論は避けるべきである。

　本書の最後で、著者は、我々の現在の知識が完全ではないことから、「予防原則」を用いて（何事も鵜呑みにしない）ことを勧めている。これ以上良い表現はなさそうである。

　文も図も適切であり、本書は参考図書としての地位を占めるであろう。太陽観測の源流を求めて過去に奥深くさかのぼるのとともに、太陽および人間活動によって地球の気候が進化してきたことを掘り下げて議論を展開している。エリザベート・ネム＝リブが本書の企画を思い立ち、構成を定めて、編集を始めた。彼女は、ジェラール・チュイリエにこの計画に協力するように依頼した。この書物は、エリザベートは太陽物理学の、そしてジェラール

は太陽 – 地球関係のそれぞれの研究成果を補い合いつつ、2つの学問分野からの考えをまとめて筋道の通った議論になっており価値あるものとなっている。いわば、楽曲や歌曲のように2つのパートの情熱が融合した結果の賜物である。エリザベートの突然の他界の後、ジェラール・チュイリエが単独で本書の完成を目指し、出版に至った著作であり、エリザベートの科学分野での仕事に対する記念碑になっている。彼女の友人や同僚に成り代わってここで感謝する次第である。エリザベートの豊かで、創造性に富み、何事にも熱心な人間性を思い起こしつつ、筆を置くことにしたい。

ジャン＝クロード・ペケア
コレージュ・ド・フランス名誉教授
フランス科学アカデミー会員

訳者まえがき

　二酸化炭素ガスの温室効果による地球の温暖化が現在問題となっている。しかし、遥か過去を振り返ってみると、地球では寒冷化や温暖化が繰り返し起こっている。地球表面が氷に覆われる氷河時代が何度もあったことは、地質学的な調査で明らかにされている。また、今から7000年前から5000年前にかけての時期は地球全体が高温期で、氷河が融けて海水位が上昇したことも、地層や化石の調査からわかっている。ヒプシサーマルと呼ばれる時期のことである。少し時代を下ると中世温暖期という時代がある。これは、10世紀から14世紀の間、ヨーロッパでは気温が高く、現在氷床におおわれているグリーンランドで植物が繁茂していて、そこにバイキングが入植したといわれている。この時期は日本ではちょうど平安時代にあたるが、東日本の飢饉が少なく、西日本では旱魃が続いた時代で、日本でも高温期であった。一方、この後の17世紀前半は、寒冷期であった。凍ることのなかったロンドンのテームズ川が冬季厚く結氷して、その上を市民が歩いているという絵画もあるほどである。このように地球の過去の気候を振り返ると、温室効果ガスだけが地球の気温を決めているわけではないことは明らかである。

　産業革命以来、人類は二酸化炭素を大気中に放出し続けて、地球の温暖化は進んでいる。極地方の温暖化が海面上昇を引き起こし、島国が水没する危険性が叫ばれている。巨大台風や旱魃などの極端気象も温暖化のせいであると考えられている。この人類起源の温室効果による気温上昇が目に見えて大きくなり、その影響評価・対処策の立案が焦眉の問題となっている。

　現在、国際協力の下でその解決に向けて取り組みが行われている。1988年に「気候変動に関する政府間パネル（IPCC）」が国連環境計画（UNEP）と世界気象機関（WMO）のもとで設立された。IPCCは、（1）気候システ

ムとその変動の物理科学の研究、（2）気候システムの変動による社会経済および自然環境に及ぼす影響と、変動に対する適応策の検討、（3）変動の緩和策の提言を主たる目的にしている。この IPCC からの報告は、国際社会に大きな力を及ぼしており、フロンガスの使用禁止、二酸化炭素ガス放出の削減のための国際協調（削減目標の設定、炭素税の導入など）の必要性が議論されている。先進国と開発途上国との間で、それぞれの国・地域の成長と二酸化炭素ガス放出削減策との利害が問題となり、議論の的になっている。

　すでにみたように、地球温暖化の原因は温室効果ガスだけではない。現在は 18 世紀半ば頃からの工業化による温室効果ガス、特に二酸化炭素ガスの放出による温室効果の影響だけが強調されすぎている。未来の地球を考える場合には、遥か過去から地球の振舞いを見て、その原因となる可能性のあるものをすべて考慮に入れることが必要である。

　この観点に立って、フランスの太陽物理学者ネム = リブと気象学者ジェラール・チュイリエが 2000 年に出版したものが本訳書の原本である。地球の気候は多種多様な事柄が複雑に絡み合った結果決まっている。熱源となる太陽からの放射、その変動から始まって、その放射を受けた地球側では、大陸・海・氷床の配置、火山活動、海流・大気の流れや、動物・植物の働きなどが複雑に反応する。それとは別に宇宙から降り注ぐ高いエネルギーの宇宙線の影響もありうる。このような多数の物理的・科学的な作用は、増幅的な正のフィードバック、抑圧的な負のフィードバック効果をもって働いている。本書は、原著者 2 人の専門分野の知識を生かして、これらのプロセスを広く取り上げて、その働きをまとめている。そして、フランス天文学会の伝統的な太陽観測の結果を詳しく検討して、太陽活動による太陽放射の変動が地球気候に及ぼす影響を詳しく述べたものである。

　本書は、気候を決定づけているプロセスがわかりやすくまとめられており、この分野を知るための必要十分な知識が得られると考えられる。特に、あまり知られていない太陽活動と地球気候の関係が観測事実に基づいて提示されている。原著出版後、十数年経過しているものの、この分野の簡便なハンド

ブックとして大いに利用価値があるものと考えて、今回翻訳書を出版することにした。なお、この分野の研究は我が国においてもますます盛んになってきており、太陽・太陽系物理学者と地球気候学者が共同で大きな科学プロジェクトを進めている最中である。この研究に勤しむ若い学生・研究者の役に立てれば幸いである。

2019 年 3 月吉日

訳者　北井礼三郎

序論

　本書『太陽活動と気候変動』は、光学望遠鏡の使用で太陽黒点が初めて発見された 17 世紀以降、科学的な太陽観測がどのように行われたかを伝えることから始まっている。当時の太陽観測は、特別な背景のもとで行われた。望遠鏡が市販されるようになった平和な時代（1598 – 1618 年）であり、太陽活動が低調な時期であり、かつルイ 14 世が人的資源および設備という両面で天文学を支援した時代でもあった。その時代、太陽黒点の数は極めて少なく、また気候も厳しい期間であったので、太陽が気候に及ぼす役割についての活発な議論が始まることとなったのである。

　上記のことを、エリザベート・ネム＝リブがこの著作で伝えたかったのである。彼女の突然の他界により、その企画は生前には日の目を見ることがなかった。

　私は、2 人が共通で関心がある太陽のスペース観測の提案書を検討するという場で彼女と知り合った。彼女は太陽直径に強い関心があり、私自身は太陽と地球大気の関係について関心があった。この提案そのものは、ヨーロッパ宇宙機関（ESA）の募集に応えた 1 つの提案であった。我々の目的は、太陽から地球が受け取るエネルギーと我々の星である太陽の直径を同時に測定して、2 つの天体の間の因果的なつながりを観測的に研究することであった。このような研究は、太陽と地球の関係を理解するには極めて大事なものである。17 世紀にジャン・ピカールによって行われた太陽直径の測定、およびエリザベートが同じデータを細心の注意を払って再解析した結果によると、往時太陽直径は大きかったということが真実味を帯びて述べられるようになってきた。したがって、もし太陽直径と地球が受け取るエネルギーとの間の関係を観測的に確かめることができれば、17 世紀の小氷河期の原因を

説明できるし、さらに気候に太陽活動の変動が影響をもつことを示すことができるであろうと想定したのである。色々な理由から、この提案は採択されなかった。しかしながら、そのお蔭で、エリザベートと科学的な連絡を取り合うことを以降も続けることができた。

1996 年に、彼女が重い病に冒されていると聞いた。しかしながら、彼女は持ち前の聡明さで前向きに研究を続けていた。1996 年の 11 月に、彼女から本書の出版の企画を打ち明けられ、その編集に加わるように誘いを受けた。彼女の死去の報に接してしばらくのちに、私は本書の編集を継続して完成させることにした。本書の主題が興味深いものであったし、また書籍が文化を高める考え方を我々 2 人が共有していたことも理由である。

$$* * *$$

ルイ 14 世の専制で始まるフランスの政治情勢は、科学的研究を行う体制を効率的に組織すること、そしてそれに対して多大な援助をすることを可能にした。主だった人々は最初の王立アカデミーを設立し、パリ天文台の創設もあって、太陽の研究を含む大望をもった科学プログラムを始めた。17 世紀初頭からのジャン・ピカールとフィリップ・ド・ラ・イールによる太陽黒点の観測は、17 世紀後半になって黒点の数が極めて少ない太陽活動の異常事態であること、そしてその他の特異な現象を見出した。

1843 年になって、一人のアマチュア天文学者が、太陽黒点はほぼ 11 年の周期で現れるということを短い報告にして公表した。その発見から、色々な天文台で保管されているデータを用いて組織的な研究が始まり、以前からそのような周期があったことが確認されたし、また別の周期も見いだされた。太陽活動がそのような周期性をもつことから、それが地球の気候にも影響があるのではないかという議論が始まった。17 世紀の寒冷期と太陽活動の低下という同時性が関心をもたらしたのである。太陽の微妙な活動性と「小氷河期」と呼ばれる寒冷期の関係は、19 世紀以降活発に議論されてきた。

また別の手段を用いて、地球の気候自体には周期性があることが知られている。その解析から、40 万年から数十年までの様々な周期があることがわかっている。長周期の現象が、地球軌道パラメーター[*]によるものであると考えられており、また翻って短周期のものは一般的には、海流、火山噴火あるいは不規則的に発生する現象にその起因があると思われている。ルイ 14 世時代の太陽黒点がなかった時期と厳寒期が一致したことは、この気候変化が太陽活動の変動によるものであろうということを示唆する。しかしながら、この直観的でわかりやすい考え方は、大層な議論をひき起こした。太陽の変動といっても、地球が受け取るエネルギーの変動量は実際上小さなものであり、試算ではとても実際の気候変動をひき起こすことは無理に思われた。実は、地球大気がもつ物理化学的なプロセスが、その変動を増幅することが見出されたのであるが、当時は議論の決着はみなかったのである。

　このような議論は、気候学者の間でしかあまり関心をもたれなかったようである。しかしながら、今日、地球温暖化がわかってきた。その原因は、太陽活動変動だけによるものか、あるいは温室効果[*]ガスの増加によるものなのかは決着をみていない。この問題は、科学的な決着がついていないことと相まって、経済的問題、人口問題とも絡む形で、活発に議論されている。

　現在、温室効果ガスの上昇および太陽活動の活発化の最中にあって、我々は、温暖化の本当の起源を考察し、21 世紀について思いをはせるのは自然の成り行きであると思われる。

＊＊＊

　本書は 6 章で構成されている。

　第 1 章では、17 世紀初頭の天文学的知見とルイ 14 世統治が始まったフランスでの政治状況について述べられている。王立アカデミーとパリ天文台

---

* 本書 209 ページからの「用語解説」に収録されている用語には、アスタリスク (*) を付けています。

の創立に関わる特別な事情や、アカデミー会員の構成およびその科学的プログラムについて言及している。黒点の研究は、とりわけ詳しく述べられている。それは、太陽活動が再び活発化したことを学士院研究で観測的に明らかにしたからである。

第2章では、王立アカデミーとパリ天文台の創立について詳述されている。初期の科学プログラムおよびその顕著な成果が詳しく挙げられている。ジャン・ピカールが17世紀後半の厳寒期に行った太陽観測について述べられているのがこの章である。その成果は、20世紀になって重要性が認識されたものである。

第3章は、太陽そのものについて、その動きや黒点についての解説である。太陽変動を理解するための基本的な知識、太陽活動がどのように活発化するのか、どのように周期的に変動するのかについて説明している。

第4章では、地球が受け取るエネルギーの周期的な変動が示されている。特に17世紀後半の特異期について解説する。その時期は、マウンダー・ミニマムであって黒点がなく、太陽半径も現在とは異なっており、太陽の自転も遅かったという特異な時期であった。太陽の変動の起源を検討したうえで、太陽と同じ型の他の恒星もよく似た振舞いをするであろうことを明らかにする。古記録から太陽活動の歴史を復元する方法についても述べる。マウンダー・ミニマムがちょうど地球の厳寒期と一致していたことから、100年程度のスケールで、太陽が地球の気候に影響していると考えられ始めたのである。

地球気候学は、第5章で述べられる。そこでは、気候変動の主要な要因、その振舞い、その作用時間スケールなどを検討する。太陽の役割と同時に、地球－海洋－大気－生物圏系が内包する変動増幅プロセスが議論される。

第6章は、現今の気候と工業社会化と人口増加の影響のもとで起こりうる気候進化を取り扱う。地球大気の化学組成の変化および太陽活動の活発化は、引き続く21世紀の地球温暖化を示唆している。

第 1 章

近代天文学の夜明け

第 1 章 近代天文学の夜明け

　17 世紀は、2 つの大きな出来事が起こった時代であった。1 つは太陽についての天文学的な出来事であり、もう 1 つは小氷河期と呼ばれるほどの厳寒期であったという地球物理学上の出来事である。この時期に行われた観測は、現在の気候変動の原因を探る研究にとって大層貴重なものであることが、明らかになってきた。ところが、その貴重な観測記録が危うく失われてしまうところだったのである。ギリシャ時代の輝かしい時代に始まった天文学は、その後 15 世紀にもわたる長い眠りに陥ってしまい、時機を得るまで目覚めなかった。30 年戦争が終結した後のヨーロッパの政治状況のお蔭で、天文学は重要な支援を受けることができた。フランスでは、1666 年に王立科学アカデミーが創立されたし、またパリ天文台が設立された。
　17 世紀の天文学の発展は、太陽の活動周期についての基礎となる知見をもたらした。それは、太陽活動が低調な期間での観測から得られたのである。

17 世紀初頭の天文学の知見

　天体の運行の説明は時代時代によって変わってきた。ギリシャ時代の天文学者は、科学分野とは異質な思想のために、天体運行の真の説明には至っていなかった。
　紀元前 550 年頃、ピタゴラスは科学的というよりは哲学的な考えから、天体の円運動という概念を導入した。その考えは、地球と他の天体全体に対して適用された。星々と当時知られていた 7 つの個別天体（太陽、月、水星、金星、火星、木星、土星）は、それぞれ地球を中心とする円軌道に位置するものと考えられた（図 1）。この地球中心の概念は、後程述べることになるが、惑星の運動について説明できないある問題があった。ポントスのヘラクレイデス（紀元前 388 – 紀元前 312 年）は、この概念に 2 点の大きな修正を施した。1 つには、恒星の日周運動は地球の自転によって説明できるとしたことである。もう 1 つの点は、水星と金星は常に太陽の近くにいるので、それらは太陽の周りを回っていると提案したことである。ちょうど太陽その

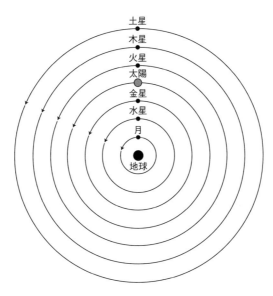

図 1　ピタゴラスの地球中心システム。図中の距離の縮尺は厳密ではない。

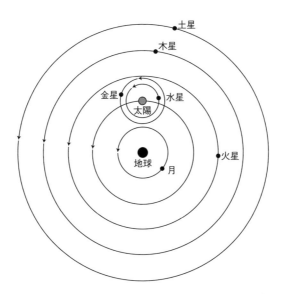

図 2　ポントスのヘラクレイデスのシステム。図中の距離の縮尺は厳密ではない。

ものが地球の周りを回っているのと同じようにという考えである（図2）。

　時代は下って、アレクサンドリア学派が大層重要な結果をもたらした。サモスのアリスタルコス（紀元前310 – 紀元前230年）が、地球 – 太陽間および地球 – 月間の距離を測る方法を着想して実行した。この方法は第2章32ページで述べることにするが、その結果は前者が後者より19倍も大きな距離であるというものであった。彼は、太陽と月の見かけの大きさはほぼ同じであることから、実際よりは過小評価ではあったものの、この大きな距離倍率は太陽が極めて巨大な天体であることを導き出し、地球の方が太陽の周りを回っているのではないかという考え方を強めることになった。水星と金星の動きについてのヘラクレイデスの考え方を引き継いだ形で、アリスタルコスは他の惑星の運動も太陽を中心とする軌道によって説明できると考えた。さらには、1年という年月で地球が（太陽の周りを）移動しても、恒星の位置には少しも変化が起きないことから、恒星は地球 – 太陽間の距離を遥かに凌ぐ遠い距離にあること、また、日々の恒星の動きは地球の自転によるものであると結論付けた。このような考え方は、太陽中心説（地動説）の誕生ということであり、その意味では、アリスタルコスはコペルニクスの先駆者ということができるであろう。

　紀元前2世紀にヒッパルコスは、1020個の恒星をその明るさによって分類したカタログを作り上げた。これらの恒星の位置とさらに古代の位置とを比較して[訳注1]、恒星の黄緯（黄道座標系での緯度）は不変であること、恒星相互の配置は変化しないこと、ところが恒星配置は黄道の極の周りを回るように見えることにより、春分点・秋分点の歳差を発見した（用語解説「赤道座標」参照）。彼は、太陽の動きへの関心から、夏至から秋分までと冬至から春分までの時間間隔が異なることに気が付いた。その説明のために、太陽は円運動をしているがその中心は地球ではなく少し離れた点を中心としていると考えた。この仮説に従って、彼は、長期にわたる正確な太陽位置表を初

[訳注1] エジプトのピラミッドは、その一辺が南北となるように作られているが、時代によってその向きが変化している。地球の自転軸が変動していることによる。

めて作ることができた。しかしながら、この考え方は太陽中心説を捨てて地球中心説を支持するものであって、以降1500年にわたる間支配することになった。ヒッパルコスの仕事は、功利主義的なものであって物理的に正しい考えに基づいたものではなかった。それは、物理的ではないけれどもある仮説の助けを借りて、数値的な結果を提供する経験モデルの先駆けの1つであろうと思われる。ヒッパルコスに続く観測者たちは、月と海の満干潮の関係を解明した。

　次の偉人は紀元83年頃の生まれのプトレマイオス（英称トレミー）である。彼は、月の運動を正確に観測して、その異常なところを見出すことを試みた。古典的プラトン主義の一般的な考えから、完全な運動は定速円運動であるべきこと、そして天体もそうであることという考えをもっていた。アプリオリ（先験的、先天的）な考え以外の何物でもなく、プトレマイオスはその考えを採用して、アリスタルコスの業績をすべて忘れて、地球をすべての運動の中心に据え付けた。その原理は、運動する天体は円軌道上であり、その円軌道の中心自体がまた別の円軌道上を運動しているというもので（周転円軌道）、この後者の円軌道の中心は地球であるというものであった。すべての運動はそれぞれ等速円運動であり、軌道の数、半径と自転速度を調整すれば、どのような運動も表現することができた。宇宙に対するアプリオリな考えから導かれたこの体系は、物理学的な概念を少しも述べてはいない。プトレマイオスは、当時知られていたすべての惑星にこの考えを適用した。彼の体系はその著書『アルマゲスト』に著述されているが、彼の体系を正当化するような観測結果しか含まれていない。むろん、蓄積された観測事実が少なかったから、このような残念な状態になったのではあるが。実のところ、理論というものは移り変わるものであり、もし実験観測の結果が保存され記録されていたならば、新理論の検証に役立つのである。極めて長い時間で変化する現象の理論については、特にそうである。したがって、科学の色々な方針の中でも、過去の実験・観測の結果を保存することは、根本的に重要なことである。プトレマイオスは、この方針に幾許かの寄与をしたアレクサン

ドリア学派の最後の天文学者であった。天文学はこののち何世紀にもわたって沈黙の時代に入り、進展を見なかった。9世紀になって、アラブ世界に天文学が再興して、プトレマイオスの暦表の再検討がなされた。アラビア天文学の質の高い観測は、天文機器が大いに発達したことによって可能となったものであった。

　天体現象の観測で最も長い連続性をもっていたのは中国である。中国では「天」に神性をみる民族の嗜好が、天文学の発展に寄与したことは論を俟たない。黒点、天体の運行および食現象*が紀元前11世紀以降観測されてきた。中国の天文学者によってなされた黒点観測については、本書の少し進んだところで再度触れることにする。

　ヨーロッパの天文学は、12世紀から徐々に再興した。カスティーリャのアルフォンソ10世（1221‒1284年）が、天文学の再生を支え、督励した君主の最初の人であった。プトレマイオスの円軌道および周転円軌道の信じ難い複雑さと不自然さに気が付いて、機知とユーモアに富んだ言い回しで、彼は「もし神が私に相談していたなら、ものごとはより良い秩序だったものであったろう」と述べた。その当時ヨーロッパでは天体観測が多数行われ、天体位置表は徐々により正確なものが公刊されるようになった（1252年のアルフォンソ天文表などである）。一方、天体の運行の説明はまだ謎のままであった。

　ニコラウス・コペルニクス（1473‒1543年）は、ポーランドに生まれた。彼はヨーロッパ中の大学で学び、何カ国語をも使うことができたし、天文学者、数学者および医者であった。その複雑性からプトレマイオスの体系を信じることができずに、彼は古代の業績、とりわけアリスタルコスの考え方に立ち返った。まず、恒星が点状のものであることから遠方のものであると考えられる。プトレマイオス流の考えに従うと、この恒星は遠方にあるので桁外れな速度で回転していることになるけれども、地球が自転していると考えるとそのような問題は避けることができる。その概念を惑星の運行に適用して、彼は惑星が太陽の周りを円軌道で回っているという概念で簡単に説明できることを明らかにした（図3）。彼の考え方はその他の天体現象も簡

17世紀初頭の天文学の知見

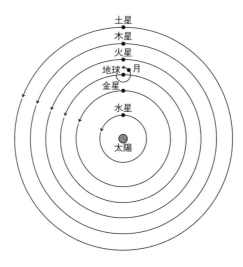

図3　コペルニクスの太陽中心システム。距離の縮尺は厳密ではない。

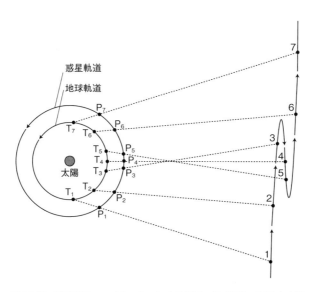

図4　惑星の留、逆行現象のコペルニクスによる説明。地球固有の運動と太陽の周りを公転する惑星の動きにより、遠方の恒星に対して見かけ上逆行してまた順行する。

単に説明することができた。星野に対して惑星が留、逆行運動をすることや、ガリレオが観測した金星の満ち欠けなどである（図4）。もう1つの利点は、惑星の太陽までの距離が地球と太陽の間の距離さえわかれば導くことができることであった。このことから、時代は後になるが、フランス王立科学アカデミーの科学プログラムの1つとして太陽－地球間距離を測るということ、さらには地球半径を定めるということが選ばれることを招来したのである。しかし、コペルニクスはプトレマイオス提唱の円軌道という概念自体は捨象しなかった。

　ティコ・ブラーエ（1546‒1601年）が、天文学に情熱を傾けるようになったのは晩年である。彼は、色々なところに旅行をして多数の著名な学者やアマチュア天文家と会う機会に恵まれた。彼の天文学に対する関心は、エッセンのランドグラーブの知るところとなった。ランドグラーブが、その主君であるデンマークのフレデリック2世に彼を推薦したところ、バルト海の入り口にあるヴェン島に天文台を作るよう指示された。ウラニボリあるいはウラニア宮殿（ウラニアは天文学の女神である）と呼ばれたその天文台で、ティ

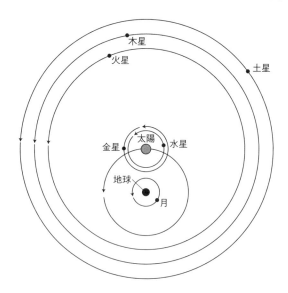

図5　ティコ・ブラーエのシステム。図中の距離縮尺は厳密ではない。

コ・ブラーエはこれまでにない精度で数々の観測を行った。それを用いて、彼は恒星の新カタログを作り、大気屈折表の作成、さらには月と惑星の運動の研究を行った。

　コペルニクスの体系を無視することはなかったが、ティコ・ブラーエは変わった体系を提案した。その体系は、水星、金星、火星、木星と土星は太陽の周りを公転するが、太陽は地球の周りを公転するというものであった。この新体系はヘラクレイデスとよく似たものであり、あまり認められなかったが、むしろ彼の観測の正確さがヨハネス・ケプラー（1571 - 1630 年）による惑星の運行の第 3 法則の発見に役立つことになる。ティコ・ブラーエは、そのパトロンの死後ウラニボリを去らざるをえず、コペンハーゲンに帰ることになった。中傷によりその国を離れざるをえないことになったとき、皇帝ルドルフ 2 世によってプラハに招聘されることになった。最晩年には、助手兼弟子としてケプラーを雇っていた。ケプラーは、神学と数学とを志していて、まだ天文学の特別な教育を受けていなかった。ティコ・ブラーエが 1601 年に死去して、ティコの観測結果を使用できるようになった。ケプラーは火星の衝の観測からその軌道を詳しく研究することになった。その選択は幸運であった。なぜなら、火星は太陽系の中で離心率（0.1）の大きな楕円軌道をもっているからである。もっとも、水星はもっと大きな離心率をもっているが太陽に近すぎて位置の観測が難しく、また離心率の大きな冥王星も当時は発見されていなかった。ケプラーは、コペルニクスひいてはプトレマイオスに従って完全な円軌道で火星の運行を説明しようと試みたができなかった。そして、ついに太陽が楕円の焦点にあること（第一法則）、惑星は面積速度一定で運動すること（第二法則）が 1609 年にわかった。第三法則は、惑星の公転周期は楕円軌道の長半径の関数であるということであるが、これは 1619 年に見出された。この体系を他の惑星にも適用して、彼は 1626 年に『ルドルフ表（*Table Rodolphines*）』を公刊した。これは、天体運動の真の法則に基づいて作成された世界最初のものである。第三法則は重力理論に根本的に関係しているものであるが、ケプラーは運動の起源についてはあまり

第 1 章 近代天文学の夜明け

考察しなかった。当時は考えられもしなかった遠隔相互作用を避けるために、黄道面中心で回転している太陽から何がしかの物質的でないものが放出され、その影響で惑星が回転するということを推測しただけであった。しかし、その著書『ステラマリス（北極星；*De Stella Maris*）』では、すべての天体は、月の動きで海の満干が左右されるのによく似た引き合う性質をもっていると書き表している。しかし、円軌道や楕円軌道をしている天体の軌道運動を司っているのが、海の満干をひき起こしている力とまったく同一の引力であるところまでの理解には至っていなかった。万有引力の理論を打ち立てたのは、アイザック・ニュートン（1642 - 1727 年）であった。

　コペルニクスとケプラーが、近代天文学の真の先駆者である。

黒点と極東での天文学

　彗星や流星の出現、太陽と月の食などの天文現象や、大気による暈現象やオーロラといった地球物理学的な現象の観測は、様々な文明でなされてきた。西洋では、15 世紀もの間プトレマイオス体系による世界観が受け入れられていた。なぜそのような世界観が長い間無批判に受け入れられたのであろうか。もちろん、天体の動きの厳密な分析がなかったこと、正確な観測がなかったことにより、プトレマイオス体系が間違っていると判断できなかったからである。

　東洋では、驚異的な観測がなされていた。そこでは、実証的に古代の事柄を記録し、それを書写していく伝統があった。この記録は、注意しさえすれば今日でも参考となるものである。その観測は、紀元前 200 年頃の漢帝国の時代から、魔術的な天文学者（占星師）によって肉眼でなされて、注意深く記録された。星々の動きは、天が支配するものであり、その変調は天の指令とみなされた。（天文事象が示す）前兆が皇帝の人生や、政治的軍事的決定をするときに大事な役割を果たしていた。天体の食、惑星の合、暈のような大気現象が重要な前兆と考えられた。常時観測されていたものの中で、太陽の表面に現れる黒い点は、不気味な兆候として捉えられた。したがって、

太陽の観測は遥か古代から一定の連続性をもってなされた。

　一般的には、太陽表面の黒点は肉眼で見ることはできない。であるから、西洋では太陽に黒点があることは17世紀の初頭まで知られていなかった。一方、東洋ではその黒点を何の装置も用いずに検出していたのである。

中国での天体観測法

　太陽は明るく輝いているので、肉眼で見ることは不可能であるし無謀なことである。ただし、日没直前や日の出のときには別である。そのときには、南中*時よりも太陽光線が地球大気の中で長い距離を通過してくるので、その明るさは弱くなる。また、霞や砂嵐による塵も太陽光を弱くする。中国はその意味で一種の恩恵を受ける土地である。ゴビ砂漠からの黄砂がやってくる土地柄であるし、大陸性の気候であることも相まって太陽円盤を見やすくする霞が立ちこめる地域である。中国では、霞を通して観測する方法だけを用いていたわけではなかった。東洋では、天文についての関心が十分高かったため、占星術師がある独特な観測法を編み出すほどであった。その方法は、小さな面積の水の表面からの反射光を見ることによって、眼を痛めることなしに太陽像を観測するものであった。漢王朝（紀元前200年）から明王朝の終わり（1644年）に至る18世紀の期間で、160個の肉眼黒点が記録されている。そのうちのいくつかは、中国、韓国、日本でも同時に観測されている。漢王朝以前にも観測はされていて、その結果は口頭で伝承されたであろうけれども、文字に記録されたのは漢王朝の時代からである。太陽黒点は2通りの言葉で表現された。「黒気」や「黒子」である。その形は、「餅、背の曲がった人間……」など、その大きさは「梨、桃、鶏卵……」などで表されている。これらの比喩が正しいかどうかよくわからない。実際はどのように見えたのであろうか。

　アマチュア天文学者の間では、肉眼で見えるのは巨大な黒点だけであると知られている。太陽円盤は月と同じサイズであって、角度にして約32分である。人の眼の分解能*が1分角程度であることを考えると、32分角の太陽

円盤内に広がった現象は見えると期待できる。ところが、孤立した黒点あるいはその小さな集まりは、太陽面のごく一部を占める程度の大きさであり、光学望遠鏡の力を借りないと普通は見ることができない。さらに、明るい太陽円盤上にある黒点はコントラストが低く、よっぽど巨大な黒点でないとそして注意して観察しないと見えない。

　黒点の肉眼検出の実験が、リバプールで一度行われた。1982年の太陽活動が最盛期であったときに、ある天文学者が太陽黒点を肉眼で観察して黒点の数がいくつあったかを数える実験であった。彼は、太陽円盤の中心に位置する0.4分角の小さな黒点も検出することができた。その結果によると、彼は、中国の古代記録にある活動最盛期の黒点数の10倍もの黒点を見ることができた。おそらく、中国の占星術師にとっては、巨大黒点のみが意味あるものとして記録されたのであろう。

　いずれにせよ、巨大で黒い黒点は肉眼で十分に見えるということである。例えば、カール大帝の顧問官であるアインハルトが西洋で最初の黒点観測の記録を残したことがわかっている。彼が書いたカール大帝の一代記の中に、807年に黒点が8時間の間、太陽面に観測された、その後は雲に遮られたけれどもという記述がある。これが、西洋における黒点存在の最初の公式記録である。ロシアでは、大きな火災があって空が霞んだときに、太陽黒点があることが認識されたが、それは16世紀のことであった。このようなわけで、東洋は天体観測については西洋よりも進んでいたのである。

　肉眼黒点は、そう頻繁に現れるものではなく、10年に数回程度である。しかし、ある種の黒点はいくつかが互いに近いところに現れて集団になり、太陽面のかなりの部分を占めることがある。これも、10年に数回の頻度で起こる。東洋の占星術師が行っていたような観測条件に恵まれているならば、このような現象も見えていたであろうと思われる。

古代の観測への関心

　第3章で太陽活動が時間的に変動すること、そして表面の黒点の数が増

減することを詳しくみることにしている。古代の黒点観測が、その変動を示す案内役として役に立つ。古代では、巨大黒点しか観測できなかったことを考えてみると、その巨大黒点が見えたということは太陽活動が極端に強いときがあったことを示しており、翻って現代において太陽に巨大黒点が現れても、そんなに一大事件ではないということを示している。過去2000年の間をみると、活動性が強い期間が何度もあった。10世紀や12世紀である。反対に、8、11、15世紀にはほとんど黒点は見えなかったが、黒点が完全に出現しなくなってしまったと結論付けるのは早計であった。黒点の出現は、凶兆として捉えられるときがあって、それを聞いたときの皇帝が怒り出してしまうということもあった。次の説話がこの事情をよく伝えている。1204年朝鮮の宮廷で、天文官が黒点の出現を報告した。凶兆として捉えられた。国王は不安に駆られたけれども、天文官はその観測を記録しておいた。はたして一カ月後国王は亡くなった。それ以降54年もの間、朝鮮では黒点出現の報告はされなかった。同じ時期中国では黒点観測記録があるその期間である。このように、観測記録というものは、様々な事情によってバイアスがかかっているということを念頭において、これらの資料を利用するという慎重さが必要である。とはいえ、何カ所、何カ国で同時に観測されたものはある程度の信頼性があるのも事実である。この点を頭において東洋の年代記を見ると、10世紀と12世紀に太陽活動が高く、8、11、15世紀は静かであったということが明らかになった。活動の低い期間は、50年から2世紀にわたる範囲で様々な長さのものであった。後続の章では、黒点記録とは異なる別の方法で過去の太陽活動を探ることを紹介する。

ガリレオ式望遠鏡とそれを用いた観測

拡大レンズの発明は13世紀に遡る。当時は、凸レンズの集光方式で、老眼対策として広まった。1445年頃のグーテンベルクの印刷術の発明以降、読むべき書籍がたくさん出版されるようになり、読書人に新たに不都合なこ

とが起こり始めた。近視になってしまって、近くしかはっきり見えなくなるという症状である。この対策として、凹レンズが使用されるようになった。視力についての2つの問題点対策として2つのタイプのレンズが作られたので、この2つをうまく組み合わせれば色々な光学機能のあるものが作れるようになった。まさしく、必要は発明の母である。16世紀にはレンズの販売は活発になり、ヨーロッパの大きな町ならどこでも眼鏡屋があるという状態であった。定かではないけれども、16世紀末にイタリアでジャン＝バティスト・ポルタが望遠鏡を発明したと思われる。その発明は知られることなく終わり、不可思議ではあるが1608年にオランダでなされたことになっている。サハリアス・ヤンセンが、凸レンズを対物に凹レンズを接眼にした組み合わせで望遠鏡を組み上げた。しばらくのちの1608年にハンス・リッペルヘイが特許を取得し、業者2社が望遠鏡の販売を始めた。その装置は、倍率が2～3倍のものであった。多分ガラスの質も悪く、研磨も十分ではなかったと思われる。このようなことがあったので、レンズ配置のこのような仕組みはあまり広がらず、天体観測に直ちに使用されることはなかった。

　17世紀の初めになって、研磨の技法も洗練されてきて、長焦点の対物レンズも手に入るようになった。望遠鏡製作の秘策も周知されるようになってきたが、優秀な研磨職人を使える人たちだけが使用に耐える望遠鏡を作れるという段階にきた。その後急速に、ヨーロッパでは望遠鏡を手にすることができるようになった。ガリレオが、必ずしも初めて望遠鏡を自由に使ったわけではない。1609年の春には、イギリスの天文学者、数学者で地理学者であるトーマス・ハリオット（1560 - 1621年）が、すでに倍率6倍の望遠鏡で月の表面を観測し、その地形についての記述を残している。しかし、ガリレオは他の人とは違って、望遠鏡つくりの本質を知っていた。1609年夏、彼は鉛の筒の両端にレンズを備え付けた望遠鏡を作った。対物は平面と凸面でできた平凸レンズで、接眼部は平面と凹面でできた平凹レンズであった。この試作品は3倍の倍率をもっていた。2回目の試作で、8倍の倍率のものを作った。そして、その見事な出来栄えをベニス公に見せることができた。

図 6　ガリレオの望遠鏡。

そしてついに 13 倍倍率の望遠鏡を作ることに成功した。この倍率まで来ると、天体観測に使えるクラスとなった。当時の望遠鏡は 2 点問題があった。1 つは球面収差*であり、もう 1 つは色収差である。最初のものは像を歪ませるし、後者は色にじみを起こすという問題点である。

　角度の分解能を上げるためと色にじみを軽減化するために、ガリレオは光学絞りをつけて明るい天体を観測するようにした。この工夫により、望遠鏡は真に科学的な装置となった。ガリレオ式望遠鏡と呼ばれている（図 6）。これによって、ガリレオは一流の天文学者であるという評価を勝ち得ることができた。1611 年には木星の 4 大衛星を発見し、それぞれの回転周期を定めたし、それらの表面の様子が月と異なることも観測した。

　そして瞬く間に天文学者の関心は太陽に向かった。

　多分、オランダ人天文学者のヨハン・ファブリチウス（1587 – 1615 年）とドイツのイエズス会神父で天文学者であったクリストファー・シャイナー

（1575 − 1650 年）の 2 人がそれぞれ独立に、望遠鏡で太陽を観測すること
の利点に気が付いたと思われる。ガリレオは彼らの少し後で黒点を観測した。
当時の情報流布の問題もあって、誰が最初に望遠鏡で太陽観測をしたかとい
う点について論争が続いた。ファブリウスが最初に望遠鏡で太陽黒点を観測
したのは確かであるだろう。シャイナーは 1611 年 3 月 6 日と 9 日に観測
している。当時、宇宙についての考え方が大きく変わろうとしている状況で
あった。コペルニクスの地動説が知られていたけれども、それに対して同調
するということがまだ緒に就いたばかりであった。神父であるシャイナーは、
教会の上層部からは、自分の発見を出版する許可を受けられなかった。その
ため、彼は自分の観測の状況を 1611 年 11 月 12 日、19 日、12 月 24 日の日付
で 3 通の手紙に書いて、アペルというペンネームでマルクス・ベルセール
に送った。書籍の編集も行っていたベルセールは、その手紙の内容を印刷し、
1612 年に公刊した。他にも太陽観測者はいた。シモン・マリウス（1573 −
1624 年）は 1611 年以降、トーマス・ハリオットは同年の 12 月に観測し
たことが知られている。誰が最初に観測したかという問題は難しい点をはら
んでいる。ハリオットのように、黒点を観測したがその結果を出版しなかっ
たという場合がある。出版はしたものの、最初に黒点を見た日時の記録があ
いまいな場合もある。ひどいときには、他人の観測結果が信じられないと言
葉巧みに貶めるような場合もあった。

　さて、ガリレオはシャイナーの世界初の黒点観測の報告があった後に、黒
点を観測したのであろうか、あるいは、シャイナーと同じ時期に観測してい
たにもかかわらず公表しなかったのであろうか。未解決の問題ではある。い
ずれにせよ、多数の観測結果を整理して、太陽は自転していること、黒点の
動きからその周期を求めたこと、そして、黒点は太陽赤道の南北 29°以内の
緯度範囲に現れることを見出したのはガリレオであった。

　ガリレオはシャイナーの観測を知って、1612 年に軽蔑の念をもって反応
した。そして、他人の過ちからも、何事かを上手く学ぶことを知っていた。
彼のコメントに次のようなものがある。「他者が最初に気付いたことを剽窃

して、それを発見者本人に伝えないことは避けるべきである。丁度シャイナーが黒点について厚かましくも世界最初といっているようなことが例である」。ガリレオは、1611年にシャイナーから受け取った3通の手紙のことを頭においで述べており、彼はその手紙には意図的な無視と誤りが含まれていると断じたのである。シャイナーは、その手紙を公刊し、自身の観測結果が世界最初のものであると主張したのであった。これが、以降何十年もの間続く論争の始まりであった。もしヨーロッパで中国の天文史を自由に目にすることができていたら避けられた論争とは思われる。いずれにせよ、この論争の役に立ったところは、太陽表面現象に人々の関心を向けたという点である。

　2世紀後になって、第一発見者問題は新たに取り上げられた。ジャン=バティスト・ドランブル（1749-1822年）が、その著書『近代天文学の歴史（*Histoire de l' Astronomie moderne*)』でガリレオに軍配を上げている。シャイナーが剽窃したという証拠は誰も示しはしないけれども、ドイツのイエズス会所属の彼は、1615年のローマ異端審問に訴えることでライバルに復讐

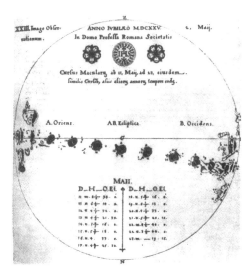

図7　ドイツ人天文学者クリストファー・シャイナーによるスケッチ。大黒点の日々の位置と黒点周りのファキュラが描かれている。ファキュラは太陽円盤の縁に近くなると見えやすくなる。

第1章 近代天文学の夜明け

をした。ドランブルは、「執着心というものが、2人の（良き）競争相手を無にしてしまった」と書いている。

　第一発見者の栄誉がシャイナーに帰するにしても、ガリレオは観測結果の解釈において卓越した能力を示した。しかしながら、シャイナーの仕事も、観測すること、それを記録することにとどまっていたわけではない。彼は、現在でも使われている赤道儀＊を発明したし、太陽の自転周期を測り、黒点出現の緯度範囲を求め、地球軌道面に対する太陽自転軸の傾きも導きだした。

　黒点の起源は明らかではない。シャイナーは、太陽表面に浮かぶ雲のようなもの、あるいは太陽の周りを回っている小さな惑星ではないかと考えた。サーラの教会司祭であったジャン・タルドは、自身の 1615 〜 1620 年の間の観測から、太陽は世界を照らす神の光の源であるので、傷があるはずがないと考えた。彼は小さな惑星が太陽の全面を移動するのが黒点として見えているという考えで証拠を探したが、無駄に終わった。ガリレオはそのような考えを切り捨てて、この問題に科学的な考えを導入して黒点の本質を導き出した。黒点は太陽の表面にあるものであり、射影効果のため自転に応じて形が変わるという考えである。したがって、ある黒点を毎日観測したときに、その黒点が太陽円盤の縁に来ると運動方向の幾何学的サイズが小さくなる。太陽円盤の縁では黒点は細い筋状になってやがては縁を回って消えてしまう。この射影効果は、シャイナーによって描かれた黒点スケッチ図でも明らかである（図 7）。

　ガリレオは、自身の望遠鏡を用いて天空の様々な天体を観測した。とりわけ、水星、金星という内惑星が月と同じように満ち欠けをすることを発見した。月の満ち欠けは、月が地球の周りを回り、地球自身は太陽の周りを回ることにより、その幾何学的な配置によって太陽光による照らされ方が変わるために起こる。ガリレオは、内惑星でも同じ仕組みで満ち欠けが起きていると考えた。このことは、1543 年発表のコペルニクス体系が正しいことを議論の余地のないものにした。コペルニクスの考えは、なかなか理解されにくいものであった。しかし、直接的な観測がコペルニクス体系の正しさを証明

し、プトレマイオス体系を否定することにつながったのである。

　ガリレオの望遠鏡が地球中心主義の天動説の誤りを決定づけるという天文学的変革を導いたのである。

17世紀の政治状況

　科学技術が戦いの時代によく発達するものであるとしても、すぐに実用とはならない基礎科学については必ずしもそうではない。

　16世紀の終わりから17世紀の初めにかけてはフェリペ2世とハプスブルグ朝のフェルディナント2世の2人の支配者の時代であった。この2人はヨーロッパに重大な結果をもたらした。

　スペインのフェリペ2世（1527 - 1598年）は、スペイン、パレルモ、ナポリ、ミラノ、フランシュコンテ地方、フランドル、オランダおよび植民地からなる帝国を統治していたが、熱狂的に全ヨーロッパのカトリック主義を擁護しつつ、君主による連合と宗教的な統一を画策した。その政治的な目論見は、1572年にオランダの反乱を引き起こし、スペインの軍事介入にもかかわらず、1581年にオランダが独立するという結果になってしまった。またイギリスのプロテスタントを根こそぎにしようと試みたけれども、アルマダ海戦の敗北という結果にしかならなかった。結局、彼はフランスのアンリ3世と戦っている狂信的なカトリック同盟と連盟を結ぶことになった。この戦いは、スペインに対するフランスの勝利に終わり、ヴェルヴァン条約（1598年）が調印された。

　20年間の平和な時代が訪れ、その間、天文学はこれまでにない進歩を遂げた。黒点が発見されたし、太陽そのものについての知識が深められた。しかし、早くも新たな戦争が勃発し、研究の発展を妨げてしまった。

　ハプスブルグのフェルディナント2世皇帝はフェリペ2世と同様なカトリック君主連合政治策をとって、カトリック信仰とオーストリア・ハプスブルグ家の権威をドイツに強制することを決定した。これが、1618 ～ 1648

第1章 近代天文学の夜明け

年の30年戦争の始まりであった。その戦争の第3段階まではフェルディナンド2世の成功であった。その間フランスは開戦を控えていたが、フランス国内の情勢が変わり、1635年以降、ルイ13世がその抗争に直接関与するようになり、戦争が広範囲なものになってしまった。ブルゴーニュ侵略、ピカルディー侵略の後は、戦況はフランス側の優位に傾いた。1643年1月にルイ13世が死去した後、アルトア、アルザス、ルションを占領した。コンデ公やチュレンヌ将軍の勝利の結果、ヴェストファーレン条約が1648年に結ばれ、オーストリア・ハプスブルグ家との戦争が終わった。しかし、スペインは、フランス国内でのフロンドの乱による騒擾を利用しようと企んで、戦いを放棄はしなかった。これもチュレンヌ将軍の勝利によって1659年にピレネー条約が調印され、40年にわたる戦争が終結し、ヨーロッパにフランスの絶対王政が確立することになった。

1661年にマザランが死去してルイ14世が直接政治を行うようになったときが、フランスがヨーロッパの中で最強国になったときである。

フランス王立科学アカデミーと
17世紀におけるパリ天文台のヨーロッパ学派

平和を回復し、フランスがヨーロッパ第一の国への歩みを進め、ルイ14世は自分の王国を科学と文化の輝ける中心にしたいと考えた。そのために、1666年に王立科学アカデミーを創設して、科学的に重要なプログラムを開始させた。ちょうどそのときは、太陽がその活動性を低下させた特異なときであった。もし上述の戦争が長引いていたら、この時期になされた重要な太陽観測が欠落してしまっていたと思われる。

様々なことがルイ14世の成功に寄与をした。中央集権化、王の判断を進め大臣ジャン＝バティスト・コルベールの指揮のもとに効率的に動く行政の組織化などである。コルベールは国威発揚も考えたし、自身の権力の維持にも配慮するような人物であった。

知識人を学士院に集めるということは初めてのことではなかった。文化人が私的にあちらこちらで集まるということはよく行われていた。リシュリューは彼らに公の枠組みを提供しようとして、1635年にアカデミー・フランセーズを創設した。会合をもつということは、知識人宅やサロンでという形で続いたが、やがて科学者が定期的に会合をもつということが始まった。1640年以降、神学者マラン・メルセンヌは、パリアカデミーを作って、文化人を集め、芸術と科学分野の新思潮を広めていた。

　コルベールは科学的発展を組織的に行うことが必要であることを認識していた。それは、実用に供すことができる航海術や地図学を想定しての話であったけれども。実際、フランスの地理とその領地の境界も不正確であったし、地図にも大きな誤差が残されていた。航海術については、経度を正確に知ることが必要であった。この問題は長年指摘されてきたことであるが、その解決には正確な時計を使うことが必須であるものの、当時の技術ではそのような時計は作れなかった。そこで、天体の動きを利用することが解決策として採られていた。航海術も天文学に依存していたのである。コルベールは、著名な数学者と測量士に科学アカデミーの組織化を依頼し、ヨーロッパ中から精鋭を集めようとした。

　ヨーロッパで最初の公的な科学協会は、1645年にチャールズ1世によって作られたイギリスの王立協会である。しかし、イギリスとフランスの2つの科学アカデミーは異なった設立趣旨をもっていた。王立協会は厳密科学と音楽をまとめるという折衷主義であったが、科学アカデミーは数学と芸術を区別した。それはそれとして、本当の違いは会員選出の水準であった。ボルテールの『哲学書簡（*Lettres philosophiques*)』からの言葉を借りると、「アカデミーの会員となって年金をもらえるには、アマチュアであってはならない。知識があることはもちろんであるが、ライバルに対して、大きな名声、より広い好奇心、解決困難な問題への挑戦、そして日々の不撓不屈の研究から培われた断固とした考え方でもって、その地位を争わねばならない」。

　フランスの科学アカデミー会員であることは羨望の的となる。その恩恵と

して年金が支給されるからである。一方、イギリスの王立協会会員は所属するために分担金を支払わないといけないという違いがあった。さらに、フランスの知識人の協会であるにもかかわらず、コルベールは全ヨーロッパの精鋭に対して門戸を開けた。イギリス王立協会とは違って、その会員は研究資金を与えられた。コルベールはパリ天文台を建設し、必要な機器を購入製作する資金を提供したし、派遣出張に補助金を出した。科学プログラムはアカデミー会員によって審査されたうえでコルベールの判断を仰ぐという形となった。コルベール自身は、正確な地図を作るためにはこの測量をせよとか、この地方へ行けという命令を出す形で関与した。ピエール・ド・カルカヴィが、大臣の科学スポークスマンとして活躍した。

　権力の介入はあったものの、実現性を審査するという仕組みは、科学プログラムを採択する段階でその介入を最小限に抑えるという機能があった。

天文学部門

　オランダの数学者、天文学者で物理学者であるクリスチャン・ホイヘンス（1629 - 1695 年）は、その多くの業績によって有名であった。その名声が宮廷まで届き、ルイ 14 世は彼を招聘してフランスに居を構えるよう提案した。彼が、学者のグループを構築するために招待された最初のヨーロッパ人となった。彼は 1666 年パリに到着し大歓迎されて、ルイ 14 世は当時としては最高の、年 6000 リーブルもの給与を提供した。彼は王立科学アカデミー部門に合流した。その部門には、アドリアン・オーズー、ジル・ド・ロベルバル、ジャック・ビュオ、ベルナール・フレニクル・ド・ベッシー、ジャン・ピカールがいた。その後、1669 年にボローニャ大学の卓越した天文学者であるジャン゠ドミニク・カッシーニ（1625 - 1712 年）が合流することになる。1671 年段階では、王立天文台は完成してはいなかったが、カッシーニは何とか組織立てて台長となった。そののち、彼の甥であるジャコモ・マラルディが合流して、天文部門が出来上がった。

天文部門には、カッシーニやピカールに加えて、弟子のフィリップ・ド・ラ・イール（1640‒1718年）もいた。彼は、ピカールの1682年の死去以降その科学プログラムを受け継ぎ、名高い天文学者となった。パリ学派を構成したヨーロッパ諸国出身の天文学者は、年若いデンマーク人のオラウス・レーマーがいる。レーマーにはピカールがウラニボリ訪問およびコペンハーゲン旅行の際に会っており、それがあってレーマーはパリに来ることになった。ピカールに指導を受けて、レーマーは1675年に光速度を初めて測定した。何人かの助手が、この部門にはいた。例えば、エチエンヌ・ヴィリアールは、ピカールがウラニボリへ観測に行くときによく随行した。天文学者とアカデミーの他部門のメンバーとは、緊密な協力を惜しまなかった。特にホイヘンスとオーズーは互いに協力的であった。

科学的な協力が続いている間に、天文学研究に多大な関心があるというイエズス会から、無視できない新たな動きが出てきた。前世期以降多くの探検がなされて、その探検物語は多くの人の夢をかき立てた。17世紀になると、ヨーロッパ人は、遠征旅行と未知なるものを渇望するようになった。アジアが発見すべき、そして征服すべき巨大な版図とみなされた。イエズス会はカトリック的な考え方を儒教に同化させることができ、それによって中国人をキリスト教に改心させる手段として天文学を捉えていたのであった。このような見通しのもと、キリスト教流布のための助けとして、天文学を必要としたのであった。実際、中国では皇帝のもとで占術が公的な地位を占めていた。高度な天文知識をもっている者が貴族やその配下の者の尊敬を勝ち得ていた。日食や月食は、実際の観測によるものであれ、予想によるものであれ、重大な意味があるものとされていた。アントワーヌ・トーマスがマカオに任じられているときに、多数の食現象を観測した。1685年7月24日の日食についてのアカデミーへの報告の中で、彼は現象を詳しく記述するとともに、日食予報が観測とかなりの誤差があるということを示した。彼は正確な予報の必要性を次のように述べている。

「ヨーロッパの天文学者とりわけフランス科学アカデミーの諸賢がこれま

で様々な素晴らしい発見や新知見を見出してきたと思われるので、私もそれに加わりたいと思っている。中国での布教の喜びを知っておられるヨーロッパ天文学諸賢を督励したいと思っている。ここ中国では、天文学なしでは、イエスキリストの教えを広めることは不可能であるからである。我々の日食予報が正確でなかったら、福音に対する反感を打ち破ることができない。我々ヨーロッパ人の予報より彼らのものの方がより正確なことを指摘してキリスト教の流布を妨げてしまうという事態になる」。

ジャン・リシェのようなイエズス会士が、遠隔地での観測活動に加わって王立天文台の科学的な仕事に積極的に参加した。

王は寛大であった。招聘した人物が必要とするものについては補助金を出したし、価値あることに対して恩恵を与えることには同意していた。だが、ルイ14世は、劇作家ジャン・ラシーヌと天文学者ジャン・ピカールとは同じように年金を与えていたのだろうか。ルイ14世は自身が設立し、そこを訪れ、その仕事ぶりを教えられていた科学アカデミーを忘れ去ったわけではなかったが、どちらかというと科学アカデミーよりは他の文化活動を重点に支援した。コルベールは、科学者を励ましたし、ピカールがウラニボリへ帰るとき寛大にも報奨金を与えた。ところが、コルベールは罰も与える人物であった。第2章で、その重要性を見ることになる細線式マイクロメーターの発明者であるアドリアン・オーズーは、ルイ14世の寵愛を失ったと考えて、アカデミーを辞職した。

パリ天文台

パリ天文台（図8）の科学的な目的は、まずは天文学のプログラムを実施することであったが、その他に測地学、地理学のプログラムの実施も含まれていた。地球の大きさを測ること、地表面の正確な位置を求めること、海上で経度を測ることなどが対象であった。三角測量法は、地球の半径を求めるためにすでに開発されていたが、実用にも供されるようになった。例えば天

図8　17世紀のパリ天文台（トーマスの画）。

文学者は、水道の建設測量に関わることにもなり、当時の日常生活の向上に大きな役割を果たした。ルイ14世の治世当時は、フランスの国境とその領地も正確にはわからなかった状態であったので、測量の実用的な価値は高かったのである（図9）。

　時を計ることも、また応用範囲の広い天文台の目的であった。振り子が秒を刻むことが知られるようになった。これは、ホイヘンスを有名にした彼の発明のうちの1つである。ところが、時計そのものが遅れてしまうこともあり、それを調整することが必要であった。また、領地内のすべての土地で同じ標準時を使うためには、天体観測にたよる必要があった。

　航海と探検の諸条件の改善にも、天文学を頼ることが必要であった。その他、天文学独特の目的も、王立天文台のプログラムに含まれていた。例えば、太陽の周りを回る地球の公転軌道の正確な決定、惑星の自転による扁平化の研究、地球の半径の導出などである。これらは、やがてはニュートンがその

図9　三角測量。夜間、3点での炎の明かりの測定は三角形の頂点を決定できる。可動式の2つの望遠鏡で遠方の地点を視て、その視角を読み取る。

万有引力を証明するために必須のデータとなる測定である。

　科学的な目的が定まり、次は天体観測に適した建物の建設である。小説家シャルル・ペローの兄弟であって当代の建築家であったクロード・ペローが、この建物の建設の任を負った。都会の喧騒・汚れた空気を避けて、天体観測ができることが必要であった。その選ばれた場所は、当時のパリ南部の広い野原で中央に風車が一台あり、地下にはカタコンベ（地下墓地）があるところであった。クロード・ペローは、王立科学アカデミーの総会のための大きなホールを備えた建物も作られることをあらかじめ想定していた。設計は1666 年末から 1667 年初にかけてなされ、1667 年 7 月 21 日の夏至の日に、最初の基礎石が設置された。コルベールの考えに従って、科学アカデミーはパリ天文台で総会を開き、天文台が科学に関するすべての分野の面倒を見ることになった。

　パリ天文台はかくして 2 つのことに責任を負うことになった。科学アカデミー会員の会合のための場所を提供することと、天体観測を行うことである。パリ第 14 区のフォブール・サン・ジャック通りという場所の選択が 2番目のことにかなうとしても、科学アカデミー会員の中には、都心から遠すぎるので好ましくないと思う人もあり、彼らはむしろヴィヴィエンヌ通りにある王立図書館を好んで利用するようになった。天文台の建物は、折衷でできた構造であった。建築上の制約と観測機器の保護策からくる要望とを取り入れて作られたのである。カッシーニが台長になったときに、その構造に不平を鳴らした。それにもかかわらず、天文学プログラムはすべてパリ天文台で遂行された。

　科学アカデミー会員は、天文台が都心から離れ過ぎていると考えてはいたが、ピカールは別の意見をもっていた。実際、彼は次のように記している。

　「天文学は、宇宙の中にある偉大なものを対象としているといってもよいだろう。今日、我々は幸いにも偉大な君主にお近づきになることができた。陛下は、天文学が進める高貴な科学を育てようとして、天文台を建設された。それは、ルイ大王の喜ばしき統治を記念して存在する凱旋門や栄冠と同等のも

のである」。

　天文学者は、天文台に居住するようになった。まだ建築が完成していない1671年の9月14日に、カッシーニは家族とともに住み始めた。ピカールはレーマーと共有で居室を保有した。後程、ラ・イールも共有することになった。助手たちも多分一緒に暮らしたであろう。天文台設立以降に、カッシーニは研究を開始し、10月25日には土星の2番目の衛星を発見するという業績をあげた。

　王は天文台の実現に大きな関心をもっていた。ルイ14世は、天文台建設が完了した1682年5月1日その日に、政府首脳陣とともに訪れて天文学者と会見をした（図10）。ピカールは、アカデミー年次報告にその訪問について以下のように記録している。

「国王ルイ14世は、もともと科学その中でも天文学を愛好されてきたが、天文台があげた業績の素晴らしさにより、自身の臨席のうえでアカデミーの天文学者に対して、国家にすでに十分寄与しているけれども、引き続いて行うよう督励された。

　フランスの地理は、過去4年で較正(こうせい)し、多くの過ちを取り払うことができた。これは、海岸線に沿った多数の観測結果と、パリで同時になされていた結果とを比較することで実現したものである。陛下は天文台に来られて、機器の説明を聞かれ、計画中の新観測の有効性を理解せ

図10　王立科学アカデミー。ルイ14世に対するコルベールによる科学アカデミー会員の紹介。窓の向こうに建設中のパリ天文台が見える（Ch. Thibaultの絵画をもとにした版画。装飾芸術図書館蔵）。

られた。陛下は十分満足されたようで、以降、アカデミーに対して、地理と
航海にこれほど有用な科学の分野には、必要な庇護と援助を継続することを
許可された」。

＊＊＊

1675年頃のフランス天文学は、目を見張る状態であった。沢山の機器を
備えた天文台を自由に使う有能な天文学者が群れを成していたからである。
そのプログラムは、基礎研究と実用研究をともに進めるものであり、成果が
権力者を満足させて、財政的な保証を得ることができたのである。この特権
的な待遇のお蔭で、第一級の成果を上げることにつながった。

第 2 章

フランス天文学

天文学の知識は２つの道筋を通じて進展する。ある知見は、実験と観測という手段によって発見される。一方、他のものは深い思索によってのみしか見いだされない。２つの道筋が出会うとき、偉大な結果を得ることができるのである。過去を振り返ると時期によって研究の様相は様々である。あるときには、相互に関連のない結果・事実を蓄積することだけになってしまうことがある。またあるときには、科学者は現象の起源を、思考から生まれた概念のみで説明することに集中することがある。そのときは、その思考の基礎を証明するものとして実験的な結果を顧慮することがないときもある。科学の歴史的な進展を振り返ると、この２つの研究の様相の間で揺れ動いてきたと思われる。17 世紀という時代が偉大であったのは、この２つの立場を把握したうえで、科学の課題に理論・実験の両面から取り組んだことであった。

　このような状況のもとで、天文学者は、精密な装置の助けを借りて科学プログラムを企画したのであった。そのことにより、非常に黒点が少なく活動が低調であった太陽の研究がなされたのである。

科学目的

　王立科学アカデミーが定めた科学プログラムを最も簡明に知るには、次の創設趣意書を見ればよいと思われる。

　「天文学は、この世界が始まったときに作られたといっても過言ではない。地球の周りを休みなく回る光輝ある天体の動きの規則性は、至高のものといっていいほどである。人類の第一の関心が、その運行と周期を知ることに向かったのは自然であったろう。［……］それを知ることは必要でもあり必須のことでもあった。太陽の動きが教える季節の移り変わりがわからなければ、農業でうまくゆくことは不可能である。航海に適したときを予想できなければ、交易もできなかったであろう［……］。

　農業、交易、政治さらには宗教も、天文学を抜きにしては成り立たない。人類は、世界が始まって以来、天文学に頼らざるをえなかったということは

明らかである」。

　実行にあたっては、この広範なプログラムは、それぞれの専門に応じて、別々のアカデミー会員が分担した。すなわち、

　　1. 測地学者は、地球半径と重要な場所（都市、港湾、丘陵、海岸、……）の経度測定。
　　2. 天文学者は、地球の軌道要素（離心率、軌道傾斜角、歳差運動）と太陽自転軸傾斜角の導出、黒点および月の運動と地形の研究、惑星の直径と変形の測定、恒星の位置決定。
　　3. 物理学者は、絶対時刻系の確立。

　このプログラムの中には、実用的なものもあれば純粋に天文学的なものもある。実際上は、第1の目的が第2の目的にも寄与した。多くの純粋に天文学的な諸問題にとって、地球半径の正確な値を知ることは必要だったからである。ニュートンによって定式化された重力の法則を検証するためには、地球半径の正確な値が（距離の評価のために）必要であったし、また遠心力と重力で決まる惑星の変形程度を知る必要があった。同様に、正確な時計を実現することによって、経度決定問題を解決することや恒星の運動の厳密な研究を実行することが可能となったのである。

　科学アカデミーのプログラムは、権力者の財政支援を受けた。そのお蔭で、科学アカデミーの会員は大きな成果をあげることができた。

フランスの地図

　フランスとその領有地の地図は重要なものであった。コルベールがアカデミー会員に定めたものの中で優先度の高いものであった。この業務は、高い精度の厳密な測定を必要とした。地図は三角測量法を基に作成される。この方法の原理は、ルーヴェン大学のゲンマ・フリシウス（1508 – 1555 年）によって考えられていた。彼は、その方法を 1533 年に公表して、図面の上に都市や丘陵を配置する策を示した。

　正しいフランスの国境線が得られたのは、ピカールそしてカッシーニとラ・

第2章 フランス天文学

イールのお蔭である。それまでは、経度方向にフランスは大西洋側に西へ大きくずれていた。町々の緯度が過小評価されていたため、フランスは全体として南にずれていた。新しい「王命アカデミー測定修正フランス地図」が、君主に提示されたとき、彼は面白がって「アカデミー諸氏は王の領地を減らすことで感謝の気持ちを少し示した」と述べた。それでも、王はアカデミーの仕事を励まし、経費を補助したのであった。これが、最初の地図といえる地図であったし、経度の原点をパリにおいたのもこの時である。

地球半径とその形状の決定

多くの天文学的課題が、地球半径の正確な値を必要としていた。実際、ギリシャの天文学者たちは、月食を観測すると月の半径が地球の半径の関数として求まることを示していた[訳注1]。また、地球 – 月間の距離が、月の見かけの広がり角を測れば求められるし、半月の時に月 – 地球 – 太陽の間になす角度を測定すれば、太陽と地球の間の距離も、地球の半径がわかっていれば求められることが知られていた。ここで述べた方法の弱点は、最後の測定が困難であることであった。この角度はほとんど90°に近く、それからの差は8分角程度であり、当時の測定は微妙であって不正確であった。コペルニクスの理論を使うと、この最後の点の不正確さは解消し、各惑星の太陽からの距離が太陽 – 地球間の距離の関数として求めることができる。このようなことから、地球の形状の決定ということが、王立科学アカデミーの重要プログラムとされたことは納得できる。

そのために、子午線上で1°離れた地点間の距離を測ることが適していた。この測定は、地球の形状を決めるうえでも興味深いものであった。ニュートンが示したように極地方がひしゃげているのか、あるいは球形であるのかを判別できるのである。フランス北部にあるアミアン南部のスルドンとパリ南部のマルヴォアシーヌ間で測定がされた。ホイヘンスによって振り子の等時

[訳注1] ギリシャの天文学者アリスタルコスは、月食の継続時間の測定から、地球の（影の）大きさは、月の約2倍の大きさであることを知っていた。

性の法則が発見されていたので、形状の測定は同じ振り子が示す1秒の長さを高緯度、低緯度で計り、その比較から地球中心からの距離の違いを求めるという正確な方法であった。測定は、ピカールがウラニボリへ旅行するときに行われたし、またイエズス会士でアカデミー会員のリシェが1673年に赤道に近いフランス領のギアナのカイエンヌに行くときにも行われた。カイエンヌでは、パリと同じ振り子を使うと、ゆっくりと振れた。これは、地球が偏平で赤道地方では、極地方に比べて地球中心から表面までの距離が大きいことによる。パリと同じ速さで振り子をゆらすためには振り子の長さを4mmも短くすることが必要であった。しかしながら、不明な点が残り、新たな派遣隊が組織されて18世紀までこの事業は継続された。

経度の決定

経度を求めるという問題は、航海術および地図作成上から必要とされる問題であって、古代から17世紀に至るまで解決を見ていなかった。17世紀の前半になって、植民地征服、舶来商品の輸送、多くの海戦などが頻繁になって、外洋での航海が盛んになり、経度の正確測定の必要性がより高まってきた。

さらには、諸国が領土を拡大したいという機運が高まってきて、軍隊や商団を遠方に派遣することが多くなり、そのため航海術が重要視された。羅針盤は方位を決定できるものの、それだけでは距離を出すことはできなかった。フランスの地図が大ざっぱであったとすれば、未踏の大陸については何をか況んやであった。これらの問題は、すべて経度決定ができないことに関係していた。その原因は、計時が正確ではなかったことによるのである。

このようなことから、1567年にスペインのフェリペ2世がこの問題に懸賞をかけて、その解決を競わせた。古代においては、紀元前2世紀にヒッパルコスが世界で最初に提案した解決法があった。その方法は、正確な時計を使う方法であったが、当時もそして17世紀初頭においても、そのような時計はなかった。時計が狂うと、この方法はあまり役に立たないので、何か絶対的な時間の基準を設けて時計を定期的に合わせることが必要とされ

た。ガリレオは、1610年に木星の4大衛星を発見して時間とともに変わるその位置情報をもとに、時間の基準とできることを提案した。特に、母惑星の後ろに隠れる瞬間を捉えることが、時間の絶対基準となり、経度を決定できると提案した。

　同一の衛星の掩蔽を異なる2カ所（例えばパリと北京）で観測したとき、それぞれの地点で太陽の位置を基にして調整された時計の時刻を読み取ると、両者の差がちょうど経度の差に相当する。天文学は、経度ひいては距離を決める最も確かな手段を与えるのである。コルベールは経度を正しく求めることの意義を十分わかっていたので、王立科学アカデミーが提案した天文学的手法で経度決定を行うことを採り上げた。そのためには、天体位置表*が必要である。天文学者に相談すると、彼らは天体位置表を作るためには注意深く観測する天文台がないと難しいとコルベールを説得した。当時は天文台がなかったのである。天文学者はコルベールの関心を理解していて、そのうちの一人であるアドリアン・オーズー（1630 - 1691年）は、王に以下のように陳情した。「フランスの輝ける偉大で高名な陛下にお願いいたします。すべての天体を観測する場所と、必要な機器を与えて頂けるよう御手配を頂けたら幸いです」。

　つまり、オーズーは天文台とその装置を要求したのである。それに応えて、王はパリ天文台の設立を決めたのである。そのおかげで、カッシーニは木星の衛星食の瞬間の時刻を求めた表を作成することができたのである。この方法は、陸地で行うには容易な方法ではあったが、揺れ動く海上の船舶で実施するのは難しかった。海上経度問題と呼ばれるこの問題の解決には、ホイヘンスによる正確な時計の発明を待たねばならなかった。

時間の測定

　古代に使われていた水時計は、時計針が備えられて近代化され、簡単に時刻を示すようになった。13世紀には、機械的な振動子を備えた錘時計が現れた。この時計は、1日当たり数十秒から数分の誤差があった。天文学的な

補正をすれば正しくなるが、それは天文台においてだけであった。天文台から離れたところでは、太陽に頼る必要があった。地球上のどの地点でも、太陽高度が最大になるときが正午である。毎日、日の出から日の入りまで太陽の高度を観測するとその日の最高高度がわかり、かくて正午の瞬間を決定できる。太陽が子午線を通過してもう一度通過するときまでの時間間隔が、正味の1太陽日である。この1太陽日は、地球公転軌道の離心率、黄道面に対する自転軸の傾きの影響で、季節に従って変化していく。しかしながら、この方法は時計を調整することを可能にするので、夜と同じように昼も時刻を教えてくれる手段を与えてくれるのである。このような理由で、太陽の位置の系統的な観測を行うことが計画されたのであった。

しかしながら、絶対時間と正確な時計は、天文学的な目的や、海上経度問題にとっては必須のものであった。この製作は、時の権力者を満足させるものであったし、天文学者にとっても恒星の位置を正確に測定することを可能にするものであった。その実現には、多くの力が傾注された。「コルベールには、振り子と動きの正確さを保証するものしか興味がなかった。最先端時計になるような装置にしか費用を補助しなかった」とシャルル・ペローは、その著書『古代と現代の比較（*Parralléle des anciens et des modernes*）』に書いている。

天文学の問題や経度問題の解決に必要な正確な振り子時計に順次改善策を施していったのがホイヘンスである。

天文学プログラム

ピカールとカッシーニは天文学者であった。割り当てられた応用的な目的は忘れなかったけれども、彼らは何よりも第一に宇宙の謎を解明したいと思っていた。惑星の大きさ、その形の扁平度、その公転軌道、不動の恒星に対するその位置といった問題が特別に彼ら2人のフランス天文学の創始者の関心を引き付けていた。

月、太陽、惑星の天体位置表を作成するのが、重要な天文学的目的であっ

た。春分・秋分は太陽が赤緯ゼロとなる瞬間で決められている。簡単に言うと、その日は昼間の時間と夜の時間が等しくなるときである。その日は、太陽が真東からあがってくる日である。光学機器が発明される前から、この春分・秋分を定めることは、人々の関心をひいてきた。太古の人々は、ドルメン（支石墓）やメンヒル（巨石記念物）を夏至・冬至や春分・秋分のときの日の出・日の入りの方向を指し示すように配置して作った。イギリスのストーンヘンジのようなものである。夏至と冬至の日時を決めるには、少し繊細な注意が必要である。夏至は、太陽が正午に子午線を通過するときの高度が最大になるときであり、冬至は逆に高度が最小になるときである。正午の太陽高度を日々測っていくと、夏至・冬至の日付は自然と知ることができる。そのような測定は、棒を垂直に立ててその影の長さを測ることで可能となる。このような方法は、多分古代から知られていたものと思われる。17世紀の天文学者も基本的には同じ方法を利用したが、その測定精度は格段に向上したものであった。

　1666年にピカールの計画のもと、組織的な観測プログラムが開始された。注意深い観測の結果、1679年以降、太陽の年間位置表さらには月、惑星、木星と土星の衛星の運行表を作成編集することが可能となった。この運行表の公刊は、天文学の知見の基礎となるものであった。その好例は、レーマーによる光の速度の測定であろう。このことについては、後程また触れることにする。

フランス天文学の装置開発

時間の精密測定

　経度の決定と天文学的な目的にかなった正確な時間も求めるには、時計の改善が必要であった。振り子の微小振動の等時性が利用できることは、ガリレオによって予想されていた。時計を振り子振動で制御するようにすること

によって、ホイヘンスが時計の精度を飛躍的に向上させた。1655 年に、パリ天文台に着任して、彼はこの原理にしたがって最初の振り子時計を製作した。

　精度向上に向けてさらに仕事がなされた。実際上は、振り子はその振れ幅が小さいときしか等時性は成立しない。厳密に等時性が保たれる振り子は、円軌道を描くものではなくて、サイクロイド[*]軌道を描くものである。ホイヘンスは 1673 年にその著書『振り子時計（*Horologium oscillatorium*）』で、その理論を公表した。この問題は、1615 年以降マラン・メルセンヌによって提示された問題で、当時の数学者の研究対象となっていたものであった。改善された点は、振り子が振動するときにその吊り糸が振動範囲の両脇におかれたサイクロイドの形をした台座に沿うような形で動くようにしたことである。ホイヘンスはその他の改良も行い、1675 年には時計の動力にゼンマイを使用することの着想を得た。

　結局、海上で経度を決めることができるようになったのも、正確な天体運行表を発行できるようになったのも、ホイヘンスのお蔭である。

屈折望遠鏡と反射望遠鏡

　ガリレオ式の望遠鏡（屈折望遠鏡[*]）は、対物部に凸レンズ、接眼部に凹レンズを備え付けたものであるが、いくつかの不都合な点があった。特に、視野が狭いことと、見える像が実像ではなく虚像であった点である。したがって、正確に天体の位置を測定できる十字線[*]をその装置に組み込むことはできなかった。

　色々なレンズの組み合わせの中で、凸レンズを 2 つ使う組み合わせを用いると広い視野で鮮明な像を得ることができる。このような望遠鏡は、ケプラーの著書『光学（*Dioptrique*）』（1611 年）で記述されている。ところが、像は倒立像であった。そのため、例えば戦場で軍隊の展開をこの望遠鏡で見ようとしても不都合であった。このため、2 つの凸レンズを用いる方法はあまり広まらず、考え出されてすぐには成功をおさめなかった。

第2章 フランス天文学

　一方、この凸レンズを2つ使う方法は、対物レンズによる焦点位置に、接眼レンズの焦点を位置するように配置すると、対象物の中間像を無限遠方に作ることができる。この両レンズの共通焦点位置に、絞りを設置したり、位置の正確測定ができる十字線を置くことができる。ホイヘンスはこの利点を察知して、ケプラーの示唆に従って1659年に天文学の目的にかなった最初の望遠鏡を作った。

　暗い天体を観測するには対物レンズを大きくすることが必要であった。ところが、そうすると、厄介な像の色にじみが大きくなってしまう。

　1つの解決法は、もともと色収差がない鏡を用いた望遠鏡（反射望遠鏡[*]）を利用することであった。製作者の名前を冠した多数のシステムが考案された。グレゴリー式、ニュートン式、そしてカセグレン式などである。しかし、この鏡を用いた望遠鏡はあまり利用されなかった。というのも、金属鏡を研磨するのが技術的に困難であったことと、銀のように反射率の高い反射膜をその表面に塗ることが不可能であったからであり、あまり光量を稼げなかった。

　望遠鏡というのは、天体が明るく見え、細かな角度まで分解して見えるのが望ましい。ガラスレンズを用いるのであるから、良し悪しは研磨の質と色にじみを起こす色収差の程度に依存する。イタリア、フランス、オランダ、イギリスといった国々の研磨技師は、レンズ表面の欠陥を低減するべく精励した。色にじみを少なくするには、長焦点のレンズを使うのが唯一の解決法であるとの結論に至った。ジョセフ・カンパーニは焦点距離11mの焦点距離のレンズを天文台に納めた。ル・バは20mのものを、ホイヘンスは70mのものを、と順次長焦点化が進んだ。あたかも、王立科学アカデミーが、レンズ工場になったような観があった。

　達成された改善の程度を評価するには、以下のことを思い起こせばよい。最初の望遠鏡の倍率は3倍で、ガリレオがそれを30倍に伸ばしたのであった。それが、いまや400倍にもなった。ところが、これほどの長焦点のものになると、これまでにない形の望遠鏡にならざるをえなくなった。対物レ

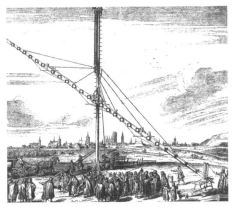

図11　長焦点距離望遠鏡。ドイツ人天文学者のヘベリウス（1611－1687年）が使用したもの。この画は、対物に長焦点レンズを使用したときのレンズ配置を示している。

ンズはもはや1つの筒に設置するには、筒が長大で重くなるため不可能となり、1つの塔の頂上に設置する形となった。地上にいる観測者は、手元に設置された接眼鏡で像を見る形となった（図11）。望遠鏡の形が大きく変更されて、現代の形に近くなったのは、色にじみのない色消しレンズが発明されて以降である。

このように、望遠鏡が大きくなるにつれ、使用がかなり不便になることがわかってきた。月の観測などのように、その表面の詳細を研究するときには、光学的な質の良さからむしろ小望遠鏡の方がよく利用された。

位置測定と四分儀

天体の位置を測定するときに、伝統的に利用されてきたのが四分儀であった（図12）。これは、視線方向と鉛直方向との間の角度を、錘の吊るし糸を利用して測るものであった。この装置は、ガリレオ式望遠鏡が作られる前から使用されてきたもので、水平線からの天体の高度を決めるために使われてきた。地球を測定するというプログラムを実施するにあたって、1669年に、この目盛環[訳注2]付きの四分儀に望遠鏡を備えるという着想を得た。この方

[訳注2] 望遠鏡などの回転する軸の外周に取り付ける環状のものである。角度目盛りが刻まれており、付属の針によって軸が向いている角度を読み取ることができる。

策によって、裸眼観測に比べて、格段に精度が向上した。対象の天体を拡大して見えるようになったこと、そして、四分儀という安定した架台上で観測できるようになったからである。

ピカールとカッシーニは、その科学的な目的のために、種々の装置を作った。拡大率の高いレンズを用いて、微細な構造（例えば太陽黒点）を観測することができた。ところが、レンズの欠陥のために、使用できる範囲が限られていた。恒星の子午線通過の観測には、ピカールは、倍率は小さいけれども欠陥がなく像質が良い望遠鏡を好んで用いた。

時刻測定に利用されたのは、1mの長さの振り子であった。これは、1秒周期で揺れるものであった。観測対象が接眼部の視野を通過したとき、その振り子を見れば時刻がわかる仕組みであった。振り子の位置は、最高点、中間位置と様々であるけれども、4分の1秒以上の精度で時刻を決めることができた。

図12 四分儀。この装置は、天体の方向と鉛直線の間の角度（天頂離角）を、錘の吊るし糸が目盛付き4分の1円弧上に示す値で読み取るものである。

ピカールの死後、何年かして、その弟子のラ・イールは、子午線面だけで動かせる独特の装置を作った。正確に子午線面に一致する壁を作り、その壁に望遠鏡を固定する工夫をした。壁固定四分儀と呼ばれるこの配置（1683年4月）により、恒星の子午線通過時の天体の高度、時刻をより正確に測

定できるようにした。しかしながら、観測結果は、期待されたほど精度は高くはなかった。実際、望遠鏡の取り付け方が非対称的で望遠鏡の架台に変形を引き起こしてしまって、測定誤差を生み出していたのであった。この原因を解明して、対称的な架台を実現したのが、スウェーデンに一時帰国したレーマーである（『工房（la *Machina domestica*）』1690 年、図 13）。

　子午線面を通過する恒星の高度角とその時刻の測定により、地上座標系に対する恒星の位置を決定し、その後計算により、赤道座標系上の位置を求めることができる。赤経、赤緯と呼ばれるこの座標値は、恒星については長年変わるものではない。この座標系での表記が、後年、恒星の固有運動の証拠となるのである。

　17 世紀の天文学者は、座標系の変換計算においては完璧に習熟していた。ピカールは、ホイヘンスがもたらした時計の改善の恩恵により、天体通過時刻や、惑星や太陽の直径を精密に測定したのであった。

図 13　オラウス・レーマーの工房（1690 年）。

ジャン・ピカールと精密天文学

　ジャン・ピカールという名前は、王立科学アカデミーのプログラムの業績の中に何回となく現れる。彼の人格と業績は、王立科学アカデミー設立以来の会員であるフランス人天文学者として、人々の関心を引くに値するものである。

　彼は、その生涯をすべて研究にささげて、その個人的な栄光や名声に頓着しない科学者の一人といっても過言ではないだろう。17世紀の中頃の、天文学が革新されていくときに、静かにではあるが、本質的な役割を果たしたのである。このことから、彼には特別な敬意が払われ、3世紀後になって初めてその業績の重要性を認識されたのである。

　ピカールは、多くの分野において、第一級の重要な結果をもたらした。ここで、彼の科学者としてのいくつかの側面を見てみよう。1つには、彼の人間性があまり知られていないということもあるし、またもう1つには、太陽の活動が低調なときに、彼が太陽についての重要な結果を得たということからである。

　多くの歴史家が、この著名で卓越した学者の一生の調査に傾注した。精力的な研究にもかかわらず、その一生の全貌は未だ明らかではない。1620年フランス西部アンジューのラ・フレーシュに生まれた。母方は書店関係の出で、父自身もラ・フレーシュのイエズス会大学のそばで書店を営んで地元の有力者を顧客にもっていた。たとえ、ピカール家が質素であったとしても、教養のある文化的な家庭であったことは間違いないと思われる。実際、16世紀以降、本屋というのは印刷業を兼ねていたし、法律業や代筆業という仕事も引き受けることもよくあることであった。ピカールは若い時に、このありきたりではない環境から恩恵を受けたに違いない。大学のそばにあったという立地が、父親の書店にとっても良かったし、ピカール本人にも有利なことになって、8〜10歳学年の初等文法クラス以降、そこで基礎固めの教育

を受けることができた。おそらくは、彼は引き続き勉強をして、大学に入るまでの段階の学習を終えたであろうと思われる。その後、彼の足跡はしばらく不明であったが、1645年以降、著名なピエール・ガッサンディ（1592 – 1655年）との共同研究で名を知られるようになった。それは、1645年8月の月食と日食の2つの観測についての研究である。ガッサンディは、コレージュ・ド・フランス（フランスにおける学問・教育の最高の国立特別高等教育機関）で天文学教授としての地位にあり、彼の死後ピカールがそれを引き継ぐことになる。ガリレオの友人で自分自身も著名であったガッサンディは、水星の日面通過の観測で有名であった。これはケプラーによって1631年に予言されたもので、彼はその年の7月11日に実際に観測した。この特別な機会を捉えて、彼は明るい太陽を背景にして黒点のように見える水星の直径を測定することができたのである。

　1650年に、ピカールはパリ大学から「技師」の称号を与えられた。数カ月後、生活の糧を得るために、彼はアンジューのリレーで僧職となり、当時の流儀に従って「拝礼師（supplia）」に任じられた。1650年から1666年の間、ピカールはいくつかの天体観測を行って、自身の科学的な基礎固めを完成させることとなった。1652年8月の日食のときには、彼は何人かの経験豊かな科学者と共同観測を行った。

　科学的な発見というものは、一人の天才によってなされるということは稀である。1つの与えられた問題あるいは予想される問題に対して、多数の研究者が取り組み、それぞれがその結果あるいは考察を積み上げていくのが常である。したがって、科学というのは、国際的な会議やあらゆる手段を用いての情報交換により進歩していくのである。17世紀の科学者にとっても状況は同じで、彼らは手紙をやり取りしたり、ヨーロッパの大都市に滞在して情報を交換した。すでに第1章でみたように、ミニームの修道士であったマラン・メルセンヌはパリに住んで、近隣に住む知識人と毎週のように会合を開いたり、旅でパリに来ていた科学者を招待して、活発に活動した。彼は、新しいアイデアの流布に積極的で、情報の交換を助け、フランスの数学者で

あるピエール・ド・フェルマーやルネ・デカルトなどの学者との交流の仲介者としての役割を果たした。このことがあって、彼の周辺には一流の科学者が集まり、将来のアカデミーの核となったのである。

コルベールが学者の協会を創設して知識人をまとめるときに、ピカールもその対象となっていた。彼は、科学アカデミー創設以来その一員であった。彼の知り合いになった人間はすべて、彼のことを褒めている。

ピエール・ガッサンディは、彼のことを「勤勉でよく教育された」若者といっていた。デンマークの学者エラスムス・バルトリン（1625 - 1698 年）は、「その知性、判断力と知識」を褒めていた。カイエン大学のフランス人自然学者のアンドレ・グレンドルジュ（1616 - 1676 年）は、彼を「技量があり透徹した精神の人」と評していた。同僚の天文学者で科学アカデミー会員であるイスマエル・ブイヨー（1605 - 1694 年）は、ピカールのことを天文学に沈潜してそれを喜びとしている人間であるとして「天文学に嬉々として没頭している」と話していた。イギリス王立協会の事務長で、パリのイギリス大使付きのフランシス・バーノンは、ピカールのことを卓越した才能があり知識人の中でもずば抜けているとして、「極めて天才的で優れて知性的な人」と評した。ボルドー卿でロベルバルの弟子であり、できたばかりの王立科学アカデミーの会員でもあったデュ・ベルデゥは、イギリスの哲学者で知識人であったトーマス・ホッブス宛の手紙で、ピカールのことを「科学についてとりわけ自由な考え方をもち、そして深い知識を有している」と書き送っている。引き続く世紀においても、ピカールは、優れた天文学者であるという評価を受けていた。ドランブルは、ピカールのことを往時最高の天文学者として考えていた。科学史家のロバート・グラントは、その著書『宇宙物理学史（*History of Physical Astronomy from the earliest ages to the middle of the 19th century*）』（1852 年）のなかで、「この尊敬すべき天文学者」として想起していた。しかしながら、ピカールの名前はやがて一般の目にはふれられなくなり、現代の天文学界では、あまり知られていない。

ピカールは、すべてを研究にささげた学者の好例である。彼にとっては、

その才能と注意深さで観測実験すること以外には何の考えもなかったようである。彼の地球の大きさ測定の結果は、イギリスのライバルたちには賞賛されたけれども、その評判は学者グループ内のみに限られていた。彼は、名声というものにまったく無関心であったと言わねばならない。次のように言う人もある。カッシーニが表舞台に立つことが多く、ピカールを覆い隠したのであると。カッシーニのことについては、本当かどうか判断が難しい。カッシーニのことを振り返ってみると、1660年代イタリアのボローニャ大学の特権的な天文学教授の地位にあったが、おそらくは別のポストを探していて、パリに招かれることになったと思われる。彼は再三、イギリス王立協会の事務長と手紙のやり取りをしていて、新ポストを得る直前までになっていた。このような状態のただ中でも、ピカールはその気質もあって科学プログラムのみにしか注意を払わなかったと思われる。2人は、観測ミッションと測量プロジェクトという2つの分野を別々に担っていたのであり、両者の関係は互いに尊敬しあう仲であって、ライバル視するとか反目しあうとかいうことは少しもなかった。一方は弁舌と情報伝達の才があり、他方は休みなく観測技術の修正と改良に勤しんだ地道な天文学者であった。別の言葉でいうと、ピカールは、自分の研究の発展の核心部をイギリスの天文研究者に伝えるべく、カッシーニにしばしば手紙を書くのを任せたということであろう。ピカールの著述で公刊されたものの数は同僚に比べてそう多くはない。しかし、どれをとっても簡潔で明快な傑作である。

　ピカールの死後300年の1982年にCNRS（Centre National de la Recherche Scientifique, フランス国立科学研究センター）の援助を得て国際的な学会が開かれ、彼の人間性と業績がよりよく理解されるようになった。ピカールが謙虚な人であったことは、その出生の環境が影響していたのであろうと思われる。貴族でもなかったし、資産階級でもなかった。もっとも、彼を第一級の学者と認めて、誰かから援助を受けていたのかもしれないけれども。

　彼はオランダ人の同僚であるホイヘンスほど数学に長けていたわけでもないし、オーズーほど装置開発において天才的ではなかったであろうといわれ

てきた。だが、その判断は早計であるかもしれない。なぜなら、彼は、物理学と数学の知識を駆使して、当時の技術で可能な観測・装置開発に大きな力を発揮したからである。死後300年記念の際に、パリ天文台の位置天文学者であるジャック・レビーは、この点を以下のようにうまくまとめている。「ピカールが効率的であるとして作った装置はすぐにも実用になった逸品であり、ピカールの名は不朽である」と。

　ピカールは、練達の科学者であった。その知識の広さとアイデアを具体化する姿勢のお蔭で、天文学は定性的にも定量的にも、迅速で確実な進歩を遂げることができたのである。前章で、地球の半径を知ることの重要性は、かなり昔から知られていたことを説明した。この測定は、エラトステネス（紀元前284 − 紀元前192年）によって巧妙な方法でなされて、スターデという当時の距離の単位で求められた。ところが、現在の距離単位との換算法が不明であるため、再測定が必要であると認識されており、王立科学アカデミーのプログラムの1つとなっていた。これを担当したのがピカールであった。三角法を用いて地球半径を正確に測定することを最初に行ったのはイギリスである。航海のために、是非、必要であったのである。世界初という点を主張しつつ、イギリス王立協会の事務長であるヘンリ・オルデンブルグは、再検証をして、その結果を公刊するように要請した。このことは、1669年以降にバーノンによって公式にされた。しかしながら、慎重な学者であるピカールは、自分の結果を明らかにする前に観測を完了させるべく十分な時間をとった。謙虚にも、ピカールはやっと1672年に地球の測定についての論文を公表した。それは、イギリスの関係者を失意に陥れる正確なものであった。オルデンブルグは、バーノンからの手紙でそのことを知って王立協会に伝えた。その後、この論文を1675年に『*Philosophical Transactions*』誌に掲載して、地球の測定の代表的な業績として受け入れた。

　ニュートンはこの結果を受け入れて、その万有引力の理論に利用した。ところが、なぜか、ピカールのこの成果を、『プリンキピア（*Principia*）』の第2版（1713年）では引用しなかった。この測定結果の天文学に対する重要

性は、17世紀以降も認識されており、ジャン・アントワーヌ・コンドルセはその著書『アカデミー諸賢を讃えて（*Élage des academiciens*）』のなかで、「地球の直径という天文学で最も本質的といえることが、知られていなかった」そしてさらに付け加えて、「神父ピカールが余人の及ばない周到性で（この結果を得たのである）」と記している。

ピカールはその活動範囲が広範であったことを見てみよう。位置天文学のプログラムもその1つである。北極星について、太陽の周りの地球の公転による光行差[訳注3]の観測も視野に入っていた。もっとも、このプログラムは彼の死によって実行されることはなかったが。太陽そのものが恒星の中を動いていることを考えて、イギリスの天文学者ジェームズ・ブラッドレー（1693 - 1762年）が1726年に恒星の光行差を説明した。ピカールの活動は実験物理学の領域にも広がっている。例えば、1676年に王立科学アカデミーに報告したところでは、水銀気圧計を激しくゆすると、その表面が光るという現象を見つけた。その閃光は、暗闇で容易に見えることから、19世紀末頃、夜間でも見える浮遊ブイに備えようと考えられたほどであった。

ピカールは、同時代の科学者と諍いをいささかも起こしたことはなかった。彼の科学に対する情熱と同時代人の好敵手に対する嫉妬心のなさを示すために、天才レーマーの場合を考えてみよう。コンドルセはレーマーを評して、「彼は、同じ対象を研究していて自身の栄光を脅かしそうなライバルが出てくる心配には、少しもめげなかった」と言っている。ピカールは、論争・論戦に巻き込まれるのを好まなかった。例えば、ニュートンの重力理論はヨーロッパでは広く認められていたが、フランスでは未だ受け入れられず、引き続きデカルトの渦理論が教えられていた。これは、ケプラーの考えと同じように定式化されたもので、軽い流体が太陽の周りを回っていて、その動きに引きずられて惑星が太陽の周りを公転するというものであった。ニュートン

[訳注3] 雨が垂直に降っている中を、自動車で移動すると雨が斜め前方から降ってくるように見える。これと同じように、天体からくる光を観測するとき、観測者が移動していると、その天体からの光が進行方向の斜め前方からやってきているように見える現象。

はそれとは違って、観測される天体の動きは重力の働きで説明できるとしていたのである。王立科学アカデミーは、ピカールに『プリンキピア』の正誤判定をするように要請した。ピカールは、その慎重な性格と謙虚さから、そのような論争に巻き込まれるのを避けて、その要請を断った。あまり実りのあることが期待できなかったのであろう。次の逸話が、彼の自由闊達な精神をよく伝えている。あるとき、時の権力者コルベールが、王と宮廷人を喜ばせようとして、ベルサイユ宮殿に水をひき、噴水を整えようとしたことがあった。様々な計画提案がなされたが、どれも満足するものではなかった。マルセイユの建築家で、ミディ運河の掘削（1666 - 1681 年）で有名なピエール・ポール・ド・リケという人がいた。1674 年、ベルサイユの池に水を注ぐために、ロアール川を迂回させようという計画をコルベールに提案した。このプロジェクトは魅力的であったがあまりにも費用が掛かりすぎるので、コルベールは計画について何人かに諮問した。ピカールの信奉者であって、稀代の流行作家シャルル・ペローが、リケのプロジェクトについてその実現性を疑う意見を何点か提出した。ピカールは、自分自身でも関係する場所の測量を行って、ベルサイユはロアール川の水面より 33m も高い位置にあること、取水口からの距離を計算して、大きな障害物が 1 つあることを確認して、計画はかなり困難な事業であると思っていた。コルベールはピカールに面談してその詳細を聞くことにした。ペローも立ち会って、その面談の様子を以下のように記している。「コルベール氏は、王を喜ばせようとしたことに大きな障害があることがわかって、怒っていた。ピカールに近寄って、意見を述べるにしてもあまり余計なことは言わないのがよいと伝えた。また、リケ氏は世間並みの人ではない、海をつなぐ運河を立派にやり遂げているし、とても重大な間違いを犯す人物とは思えないとも述べた。ピカールは、この言葉に一言も応えず、後ろを向いて退席した」。ペローは、「その振舞いは、私を少し驚かせた。コルベールも予期せぬことを見たような顔をしていた」と付け加えている。

　物語の続きを見てみよう。ピカールが冷静に助言したため、コルベールは

ピカールに何カ所か補助測量をすることを要請して、リケの計画が正しいことを確かめさせようとした。ピカールの測定で、やはりピカールが正しいことが判明し、結局この無謀な計画は取りやめになった。

ジャン・ピカールのウラニボリ訪問

　ピカールの言葉によると、「パリ天文台という素晴らしい施設が担っている天体観測は、天体の運行の法則を確立することを主たる目的としている。そして、その目的のためには、そこで得られた観測結果と何世紀にもわたってなされてきた別の観測結果とを比較することが必要である」。

　そこで、王立科学アカデミーは、16世紀のデンマークの有名なティコ・ブラーエの観測を、近代的な装置で再観測し、比較・検討により、天文学的な基礎定数を精密に求めることにした。例えば、恒星に対する地球の極の位置、恒星の位置、そして恒星の位置そのものが推測されているようにゆっくりと変化しているのかどうかの確認などである。そのためには、ティコ・ブラーエが重要で精度の高い観測を行ったウラニボリ天文台の経度が、パリ天文台の経度に比べてどれほどずれているのかということを知ることが必要であった。

　1671年の7月にピカールは、エチエンヌ・ヴィリアールを助手として、アムステルダムに向けて出発し、次いでデンマークとスウェーデンの間にあるヴェン島に遠征した。その地で、彼は、ティコ・ブラーエの天文台があった場所が廃墟となっていることを確認した。打ち捨てられて、その天文台は略奪されており、その礎石は近隣の建物に流用されていた。当時、ヴェン島はスウェーデン領であり、ピカールはそこに足を踏み入れる許可を9月中しか得られなかった。物資の入手が困難なその島に住んで、ピカールは健康を害してしまった。ピカールは、ティコ・ブラーエの天文台の経度を測定することを決めていたものの、より環境条件がよいコペンハーゲンに住むことにした。ヴィリアールに島での観測を完了させるようにして、1671年10

月に島を離れた。コペンハーゲンで病の治療をして、その後、デンマークの
エラスムス・バルトリン（1625 - 1698 年）の世話で、その町の天文観測塔
を利用する許可を得た。彼はそこで、パリの子午線からの経度のずれを計画
通り測定した。ウラニボリとコペンハーゲン間の経度のずれを定めて、最終
的にウラニボリとパリとの経度差を決定した。それ以外にも、その地で、時
間の 1 秒を刻む振り子の長さの測定、北極星の位置の変動や大気差現象の観
測を行った。

　ピカールは、用務を完遂して 1 年にわたる滞在からパリに帰還した。国
王は、彼の仕事に報いるために、報奨金 2000 リーブルを下賜することにし
た。これは、年俸の倍近くの額で、少々他の人から妬みを買うことになった。

オラウス・レーマーとの出会い

　デンマークへの旅の間で、ピカールはバルトリンの助手をしていたレー
マー（1644 - 1710 年）と出会い、彼にパリに来て住むように促した。パリ
に来たレーマーは、科学アカデミー会員の集まりで、めきめき頭角を現した。

　レーマーの最大の業績は、1675 年に光の速度を初めて測定したことであ
る。これは、多くの偉人が試みたけれども成功していなかったことである。
レーマーは、カッシーニが作った天体運行表に注目して、木星の衛星の食の
時刻が時によってずれることに気が付いた。地球が木星に近いときは、食が
予想時刻より早く起こり、また別のときにはその時刻が遅くなるという結果
であった(図 14)。地球 - 太陽間の距離の値と、測定した時刻のずれから、レー
マーは光の速度を算出し、30 万 8000km/ 秒であることを見出した。その
精度の良さ、洗練された論理は、大いに賞賛された。この方法は、後に実験
室で得られた光速度を用いて、逆に地球 - 太陽間距離をより精密に求めるこ
とに使われたし、さらに天体運行表の改良にも使用された。

　レーマーは、10 年間フランスに滞在した。庇護者であるピカールが
1682 年に死亡したこと、1685 年にナントの王令の廃止[訳注4) があってプロ
テスタントを不安に陥れたことという 2 つの理由があって、レーマーはフ

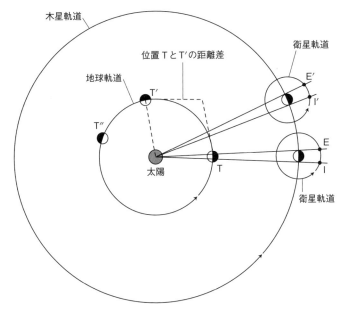

図14 オラウス・レーマーによる光速測定原理（1675）。地球から見ると、衛星はI地点で隠れ、E地点で再出現する。I地点での潜入の瞬間、Eでの出現の瞬間の時刻は、地球－木星間の距離によって変化する。TとT′の間で、地球－木星間の距離が異なり、潜入（あるいは出現）の時刻の遅れを観測すると、光速度を求めることができる。実際上は、T′点よりもT″点の方がよく使われる。相互の距離がより大きくなって測定精度が高まるからである。図の距離縮尺は正確ではない。

ランスから立ち去った。

ジャン・ピカールと天体直径の測定

　太陽や惑星の直径を決めるには、天体像の端に接するような形で測定のための細い基準線を当てる必要がある。この接点を決めるのは、微妙で難しい。
　ピカールの時代に使用されていた望遠鏡は視野が限られていたし、天空上を移動する観測対象の像は、望遠鏡の視野内を高速に移動する形であった。

訳注4) 1598年にフランス王アンリ4世がプロテスタント信仰を容認したナントの王令を、1685年にフランス王ルイ14世が廃止した。このため、商人や手工業職人であった多くのプロテスタント信者たちは国外に逃れ、フランスの商工業が停滞したともいわれている。

ピカールは、接眼部の焦点に、細い糸を備えて測定の基準線とした。確かに2本の基準線を設置し、それで枠取りをすれば、惑星の直径はより良く測れるだろう。ところが、惑星が公転するにつれて、地球に近くなると見かけの直径は大きくなり、遠ざかると小さくなる。であるから、2本の基準線を任意の間隔に調整できる手段が必要となる。ここで、ピカールは、同僚の科学アカデミー会員で優れた実験物理学者であり、1666年末に自作のマイクロメーターを公表していたオーズーと力を合わせて、この手段を開発した。この方法で、惑星、太陽の直径、近傍の恒星間の角距離が測定できるようになった。オーズーのマイクロメーターは、2台直交に設置することによって、赤道方向と極方向の直径も測定できるため、天体の扁平度も測れるものであった。

マイクロメーターを望遠鏡に備えて、望遠鏡そのものを目盛環つきの四分儀に乗せたシステムを用いると、これまでにない精度で、惑星と太陽の角直径を測定することが可能となった。ピカールによると装置の正確さは、0.5秒角に達していた。この点は、もう一度後述する。

太陽直径の測定の際、ピカールは子午線通過近傍で行った。大気による屈折の影響を少なくするためであった。南北方向の直径の測定には、2本の基準線を水平において測定したし、東西方向の測定には基準線ペアを鉛直においた。測定そのものは容易になったけれども、大気屈折の影響は補正しなければならなかった。また、東西方向の測定の際は、地球の日周運動で太陽像

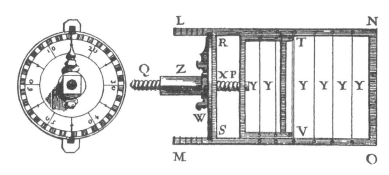

図15　アドリアン・オーズーのマイクロメーター。固定枠に何本かの細線が平行に張られている。マイクロメーターのネジで正確に動く台には、1本の細線が張られている。

が移動するため測定がやはりまだ難しかった。

　1672 年以降、ピカールは東西方向の直径を測るために別の方法を採用した。この方法は、基準線を 1 本にして、太陽の西の端と東の端がそれぞれ基準線に接触する時刻差から直径を求める方法である。この 2 番目の方法は、時刻測定の精度が約 0.25 秒であったために、これまでの方法より精度が落ちることが判明した。

　このような測定の結果、太陽の角直径は 67 秒角の振れ幅があり、季節に従って変動することがわかった。ピカールは、このことから、地球の公転軌道の離心率を導き出した。この測定結果は、人々の関心をひき、マイクロメーターの特許権という問題を、王立科学アカデミーとイギリス王立協会の間で巻き起こすこととなった。

　現代の研究者にもあるこの両国間の競争関係・論争は、すでにこの頃からあったのである。オーズーのマイクロメーターの性能を 1666 年に知って、イギリスの数学者で天文学者のロバート・フック（1635 – 1703 年）は、1638 年にイギリスのウィリアム・ガスコインがすでに企画制作したものであり、実質特許権は彼に帰するものであると言明した。それは、試作中の装置であった。ガスコインは、1640 年に望遠鏡のついていない四分儀で、太陽直径を何回か測定していた。彼はそのことを公表公刊することがなかった。というのも、この若人は、チャールズ 1 世とクロムウェルとの戦いに徴兵され、1644 年に戦争が勃発したときに死亡していたのである。その後の二十数年間、このことは忘れ去られており、少数の学者が知っていただけであった。オーズーとピカールが、このイギリス人とは独立に研究製作したのは明らかである。しかしながら、フックはマイクロメーターの特許権はガスコインに帰すると表明した。仮に、ガスコインが先駆者であったとしても、その精度と独創性において、オーズーのものに比べて劣っていた。特に、フックであれ、他の王立協会の会員であれ、誰もがガスコインの装置を手にしたことがなかった。フックは装置を正確に記述できなかったにもかかわらず、オーズーの発明は彼の独創ではなかったと主張した。言葉遣いは柔らかでも

棘を含んだ内容の手紙のやり取りが何度も行われた。理論家であるフックは、自分が専門ではない実験物理学という場所で戦いを挑んだのである。論争は同僚たちとも頻繁に行われたのであった。オーズー自身は、マイクロメーターの論文で個人的なコメントすることで満足した。

「理論、特に幾何学的な理論家は、装置の使用法を教えることに熱心な人々の名を汚すようなことをしばしばするものである。［……］そして、これは、実際上の技術をよく知らない人が、純粋な理論を教えるときに便利な機械的な原理を持ち込むことで、よく陥る失敗である」。

ピカール自身はこの論争の蚊帳の外にいた。うまくやり過ごしたか、あるいは、実りのない論争に時間をとられるのが嫌だったのだろうか。彼は、マイクロメーターの改良に傾注し、装置の限界性能に到達するようになった。オーズーを高く評価したのは、ピカールである。フランス天文学の優秀性は、同時代人、そしてそれに引き続く人たちに高く評価された。18世紀初めにドランブルは天文学の歴史を取りまとめ、ピカール、ラ・イール、カッシーニという著名な天文学者による観測を取り上げていた。以降現在まで、彼らの名前は忘却の彼方に陥った。これらの偉大な天文学者の名前が再認識されたのは、近代の宇宙観測時代になって惑星探査プロジェクトが始まり、彼らの名前を冠した衛星ミッションで優れた大発見がなされたときであった（例えば、カッシーニ・ホイヘンス探査機）。

オーズーのマイクロメーターについて3世紀前に起こった論争は、数年前から再開した。それは、第4章で我々が取り上げるピカールの測定にその因があるが、天文学の歴史に関するものではない。最近の議論は、マイクロメーターの測定精度に関するものである。この批判に対して、惑星の直交配置の影響を考えるのが適当である。地球から眺めたとき、惑星の見かけの大きさはその惑星が太陽の周りを公転するにしたがって変化する。我々に近いときには大きく見えるし、遠くにいるときには小さく見える。その惑星、太陽と地球の3天体が一直線上に並ぶのは、2通りあって合と衝と呼ばれる。後者のときは、地球が惑星と太陽の間に位置する。太陽‐惑星を結ぶ線が、

太陽 – 地球を結ぶ線と 90°の角度をなすとき、直交配置（矩*）にあるといわれる。その配置のときに、内惑星（金星や水星）を地球から見ると太陽に照らされている部分は、月のように上弦あるいは下弦の形で見える。一方、木星のように地球の外側を公転する外惑星は、黄道面からみると、全面が明るく見えている。しかし、直交配置にあるときには、地球から見ると少し太陽に照らされない部分があることになり、その方向の大きさが少し小さくなる。これを直交配置効果という。木星の場合には、その自転軸が 3°黄道面から傾いているので、この効果により、赤道直径が 0.4 秒角小さくなる。極方向の直径は影響を受けない。これとは別に、惑星はほとんどすべて、特に木星はその形が扁平である。この扁平化は、惑星の自転が原因である。この遠心力が、自転軸に直交する力を及ぼし、それも赤道方向がより大きい。ガスあるいは固化していない物質にこの力が働くと、赤道が膨らんで扁平化する。木星の場合には、平均直径が 40 秒角であるのに対して、3 秒角程度扁平になっている。

1666 年から 1673 年に至る期間で、ピカールは 18 回木星の直径を測っている。彼の観測ノートを見ると、残念ながら、どの直径を測ったのかが記されていない。1987 年に 2 人の天文学者が、ピカールが測ったのは極方向の直径であると言明した。もしそうなら、ピカールの測定値は、赤道直径より 3 秒角ほど小さかったであろうと思われる。ところが、ピカールがノートに書いた値は、極方向直径より 3 秒角だけ大きな値であった。このことから、批判者は、マイクロメーターの測定精度を疑ったのである。

古い記録を調べてみると、マイクロメーターでの測定の正確さが判明する。1673 年 4 月、ピカールは木星の観測の際に、木星の形状は楕円形で、その（15分の 1 程度）膨らんでいるのは衛星群の公転面方向であると注意書きしている。衛星群は、木星の赤道面に位置している。このことから、ピカールが、赤道方向と極方向の直径の違いを十分認識していたものと思われる。

ピカールの観測の日付はわかっている。したがって、木星の太陽に対する位置、および地球上の観測者に対する位置もわかる。地球から木星までの距

離の関数として観測された直径を調べると、18 回の直径測定は脈絡もなく
されたものではないことに気付く。そのうち 8 回は衝のときになされたも
のと判明した。このときは、暗い背景上の明るいものを測定するので、少し
大きめの値となってしまう。この場合を除いて、残り 10 回の測定は、観測
者と木星間の距離に応じて見事に変化している。しかし、直交配置にあって、
観測条件がよいときは、実際の赤道半径に比べて 0.7 秒角小さな直径が測定
値として記録されている。この差は、前述の直交配置効果で説明できる。こ
のことから、ピカールは確かに赤道直径を見ていたのであるとわかる。彼は、
多数回の測定で、0.5 秒角の精度で検出していたのである。誰かに指摘され
た誤差とは無縁だったのである。最終的に、この論争は、ピカールの直径測
定の精度を評価することに役立ったのである。この点は重要である。太陽の
直径測定に同じ方法が適用されたときに、ルイ 14 世統治時代の太陽の異常
状態を、確認をもって示すことを可能にしたからである。

王立科学アカデミーの大きな業績

　王立科学アカデミーは、誕生して 25 年間の間に野心的なプログラムを開
始し、第一級の結果を得ることができた。装置開発然り、一般応用に重要な
成果然り、科学的に重要で印象的な発見然りである。

　装置開発で特筆すべきものは、錘時計に振り子を付けたこと、そのおかげ
で、時刻ずれが 1 日当たり 1 秒を超えないものができたこと、基準線付き
マイクロメーター、直径測定のための基準線付き望遠鏡、望遠鏡付き四分儀、
精密研磨などである。

　実用面の業績としては、暦、地図、航海と経度決定用の天体運行表、位置
天文学にとってなくてはならない大気屈折表がある。測地学方面では、地球
の扁平度と大きさの精密測定があり、これによりニュートンが物の重さと惑
星に対する引力が同等なものであることを証明して、その重力理論を基礎づ
けることができたのである。

天文学の分野で、王立科学アカデミーのあげた第一級の結果は、地球公転軌道の離心率の精密測定、月の運動の詳細な研究、太陽直径の測定、黒点の存在確認とサイズ測定、太陽の自転速度、ホイヘンスの時計を利用して恒星の正確な位置座標を測り、赤経赤緯座標を求め、ついには恒星の固有運動を検出したことである。太陽系探査のことも忘れてはいけない。土星のリングの微細な構造、土星の周りのタイタン以外の3つの衛星の発見、惑星の直径の測定、火星と月の地形の研究、太陽－地球間距離の決定、惑星とその衛星の運行表の定期的な刊行である。

ジャン・ピカールは、特に、太陽の野心的な観測プログラムを行い、これまでにない精度の観測の基礎を築いた。彼の仕事の重要性は、3世紀後になって輝きだす。太陽の異常性——太陽活動が極度に低調であった期間——を初めて精度高い装置で観測して、太陽活動サイクルと地球大気との関係の研究に極めて重要な事柄を明らかにしたからであった。

強調すべき点は、すべての観測は記録され、文書化されたことである。このおかげで、後々の時代に、ゆっくりと変動する現象の研究に資することができたのである。例えば、恒星の固有運動や、太陽活動サイクルなどである。

このような王立科学アカデミーの諸々の結果は、その会員が、優れた観測者であると同時に、その結果を考察して解釈することを支える物理学と数学の知識をもっていたという卓越性によることは言うまでもない。彼らは、このような数々の発見は、科学目的を達成できるように設計された新装置を考え、実現化し、それを用いることによってなされたということを、よくわかっていた。

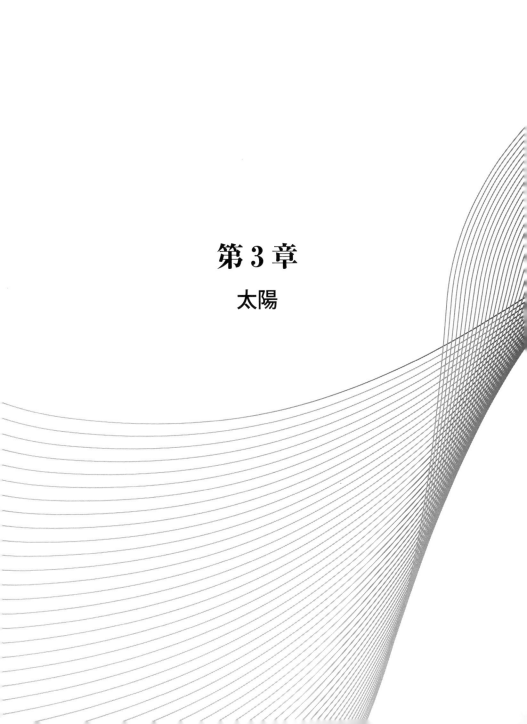

第 3 章
太陽

第 3 章 太陽

太陽は 1 つの恒星である。それはどのような働きをしているのだろうか。
その特徴は、どのようなものだろうか。太陽は変動する恒星でもある。この
章では、基本的な疑問や知見から説明を始めるが、そのことは、次章以降で
述べるルイ 14 世時代の我が太陽の異常性、そしてより一般的には地球の気
候に対する役割を理解することに役立つものと思う。

太陽は 1 つの恒星である

太陽は、巨大なガス体であり、主として水素からできている。この水素と
いう元素は、現代の研究によると、120 ～ 180 億年前に誕生した我々の宇
宙の基本的な構成要素である。太陽を生み出した巨大なガス体は、宇宙空間
に存在した水素原子がゆっくりと降着して形成された。この収縮の最中では、
重力エネルギーは熱となり、水素の密度は上昇し、太陽は次第に熱くなって
いく。イギリスの物理学者でケルビン卿に爵位されたウイリアム・トムソン
（1824 - 1907 年）が 1862 年に計算したところ、重力エネルギーが太陽放
射の源とすると、太陽が輝く寿命は 1 億年となった。この考えは、正しい
としばらくは考えられていたが、放射能が発見されて地球の寿命が、前記の
太陽の予想寿命より長いという矛盾が見出されたため、間違った考えである
と判断された。1919 年にフランス人物理学者のジャン・ペランが、正しい
考え方を発表した。太陽の収縮によって、その中心部の温度がどんどん上昇
し、やがては核融合反応が起こる。このとき、4 個の水素が結合して、ヘリ
ウム原子に変換される。アインシュタインの関係式（$E = mc^2$）で質量とエ
ネルギーは等価であるということと、この核融合反応に関係する 4 個の水
素の質量は、反応の生成物であるヘリウム原子 1 個よりも重いということ
から、この質量減少分で相当分のエネルギーが核融合反応で解放されること
がわかる。太陽の中心部では、1 秒間に 400 万トンの質量減少が起きている。
これは、1 秒間に、その質量減少分の 100 倍の水素がヘリウムに変換され
ているということに対応する。この核融合反応によって、太陽は我々生命体

に必要なエネルギーを供給してくれているのである。太陽からの光がなければ、我々は地球に発生することもなかったであろうし、進化することもなかったであろうと思われる。

　これから述べようとする太陽の様々な層・ゾーンは、図16に示されているごとくである。核融合反応は、1500万度以上にならないと起こらない。その温度になるのは中心部である。中心部の極めて高い圧力は、膨大な質量が生み出す重力で釣り合いが取れている。中心部で解放されたエネルギーは、色々な形で外部に伝えられていく。まずは放射である。これは、放射を担う

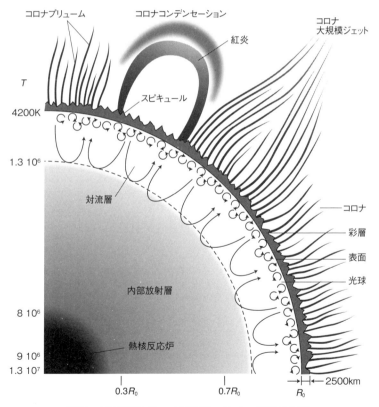

図16　太陽の構造（R_0＝太陽半径）。（Pecker, 1992による）

第 3 章 太陽

光が、電子や原子と衝突してエネルギーを授受しつつ伝えていく方式である。中心部では、物質密度は極めて高く、このような衝突は頻繁に起こっている。物質密度が十分高い限り、この方式は効率よくエネルギーを伝達する。中心から 50 万 km の所までは、この放射伝達が働いており、放射ゾーンとして特徴づけられている。中心部と放射ゾーンの様子については、あまりわかっていない。特に、そこでの磁場の様子や、自転の様子は未知である。放射ゾーンでは、外に行くにつれて、物質の密度は徐々に減少し、また温度も 900 万度から 100 万度に減少していく。したがってエネルギーの伝達効率は落ちていくけれども、（定常状態では）太陽エネルギーは外部に向かって伝わっているはずである。この段階で、別の形のエネルギー伝達メカニズムが働きだす。すなわち、対流エネルギー輸送である。対流が起こるのは、対流層の底部と光球層の温度差が原因である。この温度差が、対流発生の限界値以上となるために、ガスが乱流的に動き出すのである。

　太陽内部では、このエネルギー輸送が表面近くの 20 万 km にわたって効率的に働くので、この領域を対流層とよんでいる。対流によるガスの流れは乱流的となり、表面の光球に粒状の形で現れる。その形から、粒状斑ともよばれている。この粒々は、サイズが 500 ～ 1000km 程度であり、その中心部では秒速数 km の速さでガスが上昇している。粒状斑は、崩壊消滅するまでに約 1000km 程度の距離を広がる動きである。その寿命は乱流的で数分程度の短いものである。粒状斑の明るい部分はガスが上昇しており、その周辺で隣の粒状斑との境界になる暗い部分ではガスが下降している。粒状斑の空間分布は少し特別な形をしている。粒状斑が集まって 1 万 km 程度の中間粒状斑という別の模様を作っている。もっと大きな超粒状斑と呼ばれる構造も知られている。

太陽の物理的構造

　地球と太陽間の平均距離は 1 億 4960 万 km である。その値は、地球公転

軌道が楕円形であるために、240万km程度増減している。太陽は半径70万kmの球体である。地球のほぼ110倍の大きさである。その質量は2×10^{30}kgで、地球の33万倍である。我々が普通に見ている太陽はその光球を見ており、そこでは温度が5800K*で層の厚みは数百kmである。温度、密度ともに上空に行くと下がっていく。光球から放射される光のスペクトルには（紫外線から赤外線までの範囲が図17に示されている）、多くの「窪み」があり、太陽大気中の構成物質で光が吸収されていることを示している。この吸収線は、1811年にこれを発見したヨゼフ・フラウンホーファーの名をとって、フラウンホーファー線と呼ばれている。吸収線ができる理由は以下のようである。光が原子によって放射されたり吸収されたりするのは、その原子内の電子の軌道が変化するとき（遷移）である。遷移のときに、エネ

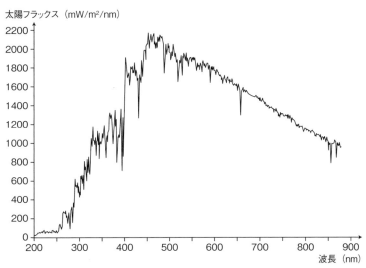

図17　太陽スペクトル（200〜850nm）。ある波長近く（例えば438nm）のスペクトルを詳しく見ると、周りの波長に比べて放射されるエネルギーが低くなっていることがわかる。これが、吸収線あるいはフラウンホーファー線と呼ばれるものである。強い吸収線で656.3nmや486nmにあるものは、水素による吸収であって、393nmと854nmに位置するものはカルシウム、438nmのものは鉄による吸収である。この図は1nmの波長分解能で描かれているので詳細は見えないが、実際上はもっと多数のフラウンホーファー線が存在する（Thuillier et al., 1997, 1998による）。

第3章 太陽

ルギー準位[訳注1]の高い軌道から低い軌道に変化すると光が放射され、逆のときが光の吸収になる。熱力学的平衡状態にあるときには、放射と吸収が平衡状態で等しく、黒体放射[*]のものと同じで輝線も吸収線も現れない。光球では温度は上空に向けて下がっている。外部に向けて伝わっていく光は、冷たい媒質の中を伝わることになる。ゆえに、光は冷たい媒質に吸収される。プランクの法則により、冷たい媒質から放射される光は少ない。かくして吸収される分が多くなって、吸収線が現れるのである。吸収線形成は、ドイツの物理学者グスタフ・キルヒホッフ（1824 - 1887 年）とロベルト・ブンセン（1811 - 1899 年)によって 19 世紀末に実験室で確認されている。吸収線は、水素、マグネシウム、アルミニウムといった元素に特有のもので、これを解析すると遠方にある物の化学組成を調べることができる。ヘリウムそのものも 1869 年に太陽でまず発見されて、その後、地球で 1895 年に発見されたという経緯がある。太陽スペクトルには無数の吸収線がある。太陽スペクトルの波長 656.3nm[*] や 486nm の吸収線は、水素が存在している証拠である。このように、太陽スペクトルの吸収線、輝線を解析して、遠方の太陽の化学組成を知ることができる。79％が水素で、20％がヘリウムで残り 1％がより重い元素（炭素、窒素、ネオン、マグネシウム、ケイ素、アルゴン、カルシウム、鉄、ニッケル、……）である。重い元素は、原子質量が大きくなると、その存在量は減少する。

　光球の上には彩層があり、そこでは上空になればなるほど温度が高くなり、ガス密度は低くなっていく。彩層の平均的な厚みは約 2500km である。彩層は、皆既日食のときに発見された。これは太陽の縁に見える薄い層で水素

[訳注1] 量子物理学によると、原子は原子核の周りに電子が取り巻いている状態と考えられている。そして、この電子は任意のエネルギーをもてるわけではなく、ある定まった離散的なエネルギーをもつ状態にある。このとき、原子は、ある一つのエネルギー準位にあると呼ぶ。エネルギー準位は、原子の種類によって異なる。外部からエネルギーを受け取ると、高いエネルギー準位に遷移するし、高いエネルギー準位にある状態から低いエネルギー準位に遷移すると、エネルギー差に応じたエネルギーが放出される。したがって、原子に光が吸収されたり、原子から放出されたりするとき、その原子のエネルギー準位に応じた離散的なエネルギーをもつことになる。すなわち、吸収・放出される光のエネルギーを調べると、関係する原子の種類が特定できる。

の 656.3 nm の輝線によって赤い色を示す層である。彩層のさらに上空には、コロナがある。これは皆既日食のとき、あるいは、特殊なコロナグラフという装置を用いて見えるものである。コロナは約 200 万 km の広がりをもち、その温度は 100 万℃にも達する。高温であるため、コロナのスペクトルは特徴的な輝線スペクトルとなっている。さらに、コロナからは電波も放出されている。波長の長い電波ほど、より高いところから放射されている。この電波放射は地上で容易に観測することができて、太陽活動の指標となっており、太陽物理学や地球物理学でよく利用されている。

可視光線で見ると、太陽はほぼ完全な円盤に見えるが、ほんの少しだけ扁平な形をしている。極方向の半径が赤道方向に比べて 10^{-5} 分だけ小さい。その円盤内には、半暗部にとり巻かれた暗い黒点や、周りより明るいファキュラ[訳注2)]がある。黒点-ファキュラの組み合わせは、どうも必然的に思われ、太陽活動を示す主要な現象である。黒点の温度は光球より低く、そのため暗く見えている。光学的手法を用いると、磁場を測ることができる。それによ

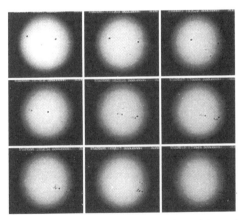

図18　太陽の写真。毎日撮影すると、黒点が太陽の自転につれて移動するのがわかる。黒点あるいは黒点群は、明るい円盤を背景にしてみることができる。この図では周辺減光効果も見えている。

[訳注2)] 可視光線の連続光成分で見たときに、太陽黒点の周辺に見える明るい模様。黒点ほどではないけれども、強い磁場があると確認されている。

ると、黒点では、地球の約 8000 倍の強い磁場をもっている。この磁場が、黒点を周りに比べて冷却化する原因である。太陽円盤は周辺にいくと暗くなる。これは、撮影時の感光乾板の質によるのではなく、太陽の縁から出た光子が太陽大気中を斜めに横切って観測者に届くということが原因である。別の波長、例えば水素の吸収線の波長で見ると、太陽表面には約 10 万 km の長さにも及ぶ暗いフィラメントも存在している。フィラメントが太陽の縁にあるときには、暗い天空を背景にして明るい突起物のように見え、プロミネンスと呼ばれる。そのプロミネンスが爆発噴出するときには、高さ約 10 万 km にも及ぶ。異なる拡大率や異なる波長で太陽を観測すると、その他にも色々な構造があることがわかる。

太陽の自転

　宇宙空間の中で太陽はじっとしているわけではない。太陽系全体として銀河系の中心の周りを回っているし、また、他の惑星と同様に自転もしている。その自転周期は太陽赤道では約 27 日の周期となっている。この自転は黒点が東の端から西の端まで約 13 日で移動することから明らかである。望遠鏡の出現により、17 世紀の天文学者は太陽の自転*を測定したが、黒点によってその移動速度が異なることに気がついた。そして、19 世紀になってやっと、太陽表面の平均的な自転速度の法則が確立された。1853 年から 1861 年の黒点観測を利用して、イギリスの天文学者リチャード・キャリントン（1826 – 1875 年）が、自転速度は赤道での方が、極地方よりも 40％速いということを示した。太陽は、剛体のように回転しているのではなく、太陽緯度に依存する形で差動回転しているのである。赤道の自転周期は約 27 日であるが、極での周期は約 35 日である。ここで述べた速度は、太陽が南中してから次に南中するまでの時間を 1 日とする太陽時を使ったものであって、地球の公転分を考慮に入れたものである。黒点は太陽緯度 40°以上には現れない。より高緯度の自転を調べるには別のものの追跡から速度を求めることが必要

である。この候補としては、太陽が数回転する程度の寿命をもつフィラメントがある。フィラメントの回転速度を測ってみると、同じ緯度であるにもかかわらず黒点より速く回っていることが判明した。フィラメントも黒点も磁場に関係したものであるが、黒点の方が磁場強度は圧倒的に大きい。おそらくは、黒点の磁場は太陽の深い層に根付いていて、そこの自転速度を反映していると思われる。

　では、太陽内部の自転はどうなっているのだろうか。この問題は天文学者にとっては長い間の謎であった。太陽内部の様子を調べる手段がなかったのが、その理由である。

　1980年代に、太陽内部の物理状態を測る新手法が出現、確立した。日震学手法である。その名前は、太陽と地震学の合成語である。地震学は、地震による地球の振動・伝搬を研究して地球内部の様子を知る学問である。地震による振動の伝搬は、波を伝える媒質の性質に依存する。自然あるいは人工

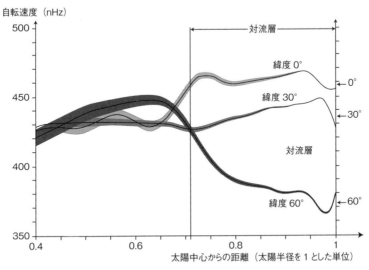

図19 太陽内部の自転速度。速度は周波数で表されている（27日は428nHzに対応する）。矢印は各緯度での表面速度を示している。表面では、赤道の方が極より速く自転している。図の右側の対流層では差動回転になっている。一方、太陽の中心部、および放射層では、剛体回転のようにほぼ一定の回転速度になっている（図の左側）（Kosovichev et al., 1997による）。

第 3 章 太陽

の地震で発生した地震波の速度、方向を測定すると、地球内部の構造を知ることができる。日震学もまったく同じ考え方である。

太陽はほぼ球体である。その外層部は、対流層が起こすガスの流れの衝撃で揺れ動かされる膜状のものと近似することができる。水の波のように、一部は上にずれ別の場所では下にずれる。表面から観測することによって、その波の動きを知ることができ、したがって、媒質の性質を調べることができる。1995 年に、ヨーロッパが SOHO* という人工衛星を打ち上げて、地球 – 太陽間の特別な点（L$_1$）にその衛星を設置した。L$_1$ という点は、地球と太陽から受ける万有引力が等しくなる特別な点で、その位置にいる物体はその位置からずれることがないという特別な点である。この特別な点では、太陽を常時観測することができる利点がある。これによる観測で、太陽自転速度の太陽緯度、深さ依存性を求めることができた。これまでの地上観測の結果が、SOHO 衛星に搭載された MDI*（マイケルソン・ドップラー・イメージャー）での観測により確認されたのである。放射層は約 28 日の周期で剛体回転していることが示された。対流層は差動回転している。赤道での回転周期は約 27 日で、極での周期は約 35 日である。差動回転は対流層全体に広がっている。表面で黒点の動きとして見える差動回転は、深さ 20 万 km まで同じような傾向を示している。差動回転している対流層と剛体回転している放射層の間には境界層ができており、そこで回転の性質が急激に変化する。放射層はその質量が大きくその膨大な慣性によりずっと同じ速度で回転している。

一方、差動回転は時間とともに変動する。このことは、境界層が重要な役割をもつことを意味している。その境界層が、放射層と対流層という 2 つの巨大な運動エネルギーの貯蔵タンク間のエネルギーのやり取りを調整しているのである。この運動エネルギーの変動を支配している境界層で、太陽の磁場および熱的な変動が駆動されていると考えられている。これらが太陽の表面での活動の変動や明るさの変動として観測されるのである。

太陽は変動する恒星である

　太陽は変動星である。光や粒子の形で放出されるエネルギーが時間とともに変わるからである。

　太陽は定常状態にある機械・機関ではない。太陽活動サイクルとして周期的にエネルギー放出が変動することもあるし、例えば太陽フレアのように「気分」によって突発的に放出することもある。したがって、太陽スペクトル、電波放射、粒子放射が、多かれ少なかれ周期的に変動するのである。この変動の原因は、深く隠された場所すなわち対流層にあるのである。

黒点発生の周期性

　東洋の天文官の眼視観測にくらべて、望遠鏡の出現によって太陽黒点の検出精度は向上し、そして、より客観的になった。

　ヨーロッパでは、多くの観測者がそれぞれ最初に黒点観測をしたと主張している。誰が最初にということは興味あることではあるけれども、大事なことは多くのアマチュア天文学者が太陽に望遠鏡を向け黒点を観察したことである。ここで注意を喚起したい。このように太陽を瞬間にでも望遠鏡で直接見ることは極めて危険なことである。正しい観察方法は、第4章の図30（95ページ）にあるように、投影して観察することである。

　それから2世紀後になって初めて黒点数の周期性が証明された。それまでの長い間、黒点の出現はまったく不規則でランダムなものと考えられた。デンマークの天文学者クリスチャン・ホレボウ（1718 - 1776年）は、周期性発見の一歩手前まで進んでいた。彼は、定期的な観測から次のような注記を残している。「観測によると、太陽に黒点が現れることはよくあることである。しかし、その出現がどのような順番で、どのような時間間隔で現れるのかという法則がわかっていない。これは天文学者でも、黒点観測を行う人が少ないからであろうと思われる。というのも、彼らは黒点観測から天文

第3章 太陽

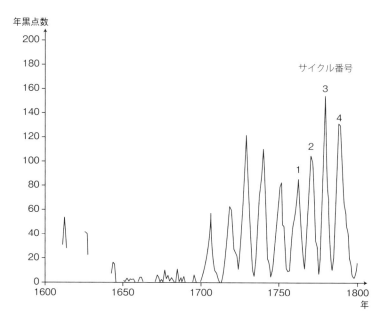

図20　1610年以降の太陽活動サイクル。年平均黒点数が時間順に表示されている。サ
17世紀におけるグラフの不連続性は黒点がなかったことによる。この期間、太陽はマ
しか黒点は観測されなかった。

学や物理学にとって重要な結果が得られるとは思えないと考えているからである。しかしながら、熱意を込めて観測し周期性を導き出すことが必要であり、それが強く望まれる」この考察の正確さに注目すべきである。科学研究テーマを決めるときに、よく参考にすべき考察である。

　数年後、薬剤師であって有名なアマチュア天文家のハインリッヒ・シュワーベ（1789 - 1875年）が黒点出現数の11年周期を発見した。これは1826年から1843年の間の観測に基づいたもので、1843年に短い報告を公表した。この報告を聞くや否や、スイスの天文学者でチューリッヒ天文台長のルドルフ・ウォルフ（1816 - 1893年）は、過去の太陽活動の組織的な調査を始めた。そのため、彼はヨーロッパ中の色々な天文台で記録されていた情報を取り集めた。彼はこの集まったデータアーカイブを参照して、黒点数を計算し、その結果を熟慮した。観測者の熱心さ、観測地の天候条件（大気の透

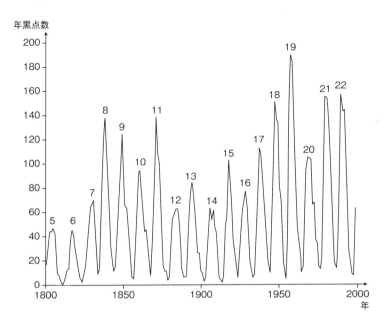

イクル番号は 1761 年の最大期から始まっている。(図ではサイクル 1 となっている)。
ウンダー・ミニマム(1645～1715 年)であってシュワーベ・サイクルの極大期のみで

明度は、ヨーロッパ北部と地中海沿岸部とは異なっている)も考慮した。彼は、ウォルフ数という特性数を考え出した。これは、月ごとの太陽活動の指標となる数である。彼は約 11 年ごとに黒点数が最大になることを確認した。このことからこの現象は太陽活動の 11 年サイクルと呼ばれた。彼は 1700 年まで遡ってウォルフ数を決定したものの、1610～1700 年の間は極大期を示さなかった。聡明で忍耐強いアマチュア観測家を記念して、この 11 年サイクルはシュワーベ・サイクルとも呼ばれている。太陽活動の周期性を確認した後、ウォルフはどの天文台でも使用できる黒点観測のヨーロッパ基準というものを作って組織的に観測ができるようにした。この基準を用いる方法は現在まで継続されている。組織的な観測は 1848 年に始まった。1874 年以降、黒点観測は写真乾板に記録されるようになった。ウォルフの集めたデータは欠測部分があったものの、その部分は北極オーロラの観測情報で補われ

第 3 章 太陽

た。オーロラは後程見るように、太陽活動に引き起こされる地球大気の反応であり、太陽活動の指標として利用できたのである。

近年、過去の観測の再調査が行われ、ウォルフの結果とあまり違わないということが示された。利用可能なデータは時間的に偏りがなく多数存在した。4 世紀近くにわたる約 40 万件の観測であった。1700 年以前のデータも、改めて発見された記録によって補足され整った。

1610 年以降現在までの太陽活動サイクルが図 20 に示されている。1700 年以降はその振幅は異なるがサイクル変化は明らかである。サイクル内の位相によって黒点数の変化の様子は異なる。一般的に、黒点数が上昇するときよりも減少する位相のときの方が時間的により長い期間となっている。1 つのサイクルの寿命は、黒点数がそのサイクルの極大値の半分以上になる期間として定められるが、そのサイクルの極大値の値に依存する。かくて、シュワーベ・サイクルの寿命は 8 年から 13 年の間で変動する。振幅の小さなサイクルは長寿命になる。強いサイクルと弱いサイクルが、また別の周期で現れていることも認められる。8 サイクル程度で変動するグライスベルグ・サイクルや 200 年程度で変動するスエス・サイクルも知られている。後者は、望遠鏡による黒点観測が始まる前の古記録から見つかったものである。第 4 章ですべての周期性を表にまとめている。

太陽活動サイクルの変動を見てみると、太陽活動が 3 ～ 5 サイクルの長い期間低調であった時期があることに気が付く。これを太陽活動のグランド・ミニマム（大極小期）と呼んでいる。ミニマムと略すこともある。1645 ～ 1715 年の間の長いグランド・ミニマム、それほどではないが 1795 ～ 1830 年の間の 18 世紀末頃のダルトン・ミニマム、そしてその 1 世紀後のミニマムなどである。その後、太陽は活動性を取り戻し、1950 年以降は以前にもまして活発なサイクルが続いている。

ところが、この太陽活動がルイ 14 世時代に長い間休止したということを、天文学者は重要な出来事とは捉えなかった。グスタフ・シュペーラーが 1887 年と 1889 年に 2 つの論文を発表して、このミニマムが世界中の天文

学者の関心を呼ぶことになった。不幸にも、彼はその後しばらくして亡くなってしまった。グリニッジ天文台の天文学者エドワード・マウンダー（1851 - 1928 年）が、王立協会でシュペーラーの結果を発表し、ルイ 14 世の時代の太陽活動ミニマムが確かに存在することを認めた。このことから、この時期のミニマムを以降マウンダー・ミニマムと呼ばれるようになった。シュペーラーの名前も忘れられてはおらず、1411 〜 1524 年の間のものを、シュペーラー・ミニマムと名付けられている。マウンダー・ミニマムは、本書の主題の最重要なものであるので、第 4 章で詳しく検討することにする。

蝶型図

　太陽に黒点があることが見つかった当初から、ガリレオおよびその時代の人々は、黒点は太陽表面上のそこかしこにランダムに現れはしないということに気が付いていた。黒点は太陽赤道から離れること緯度 40°までのゾーンにあって、東から西へ移動する。黒点は太陽の極地方に現れることはめったになく、緯度で 40°より極方向に出現することはない。シャイナーはこれを「王のゾーン」とまで呼んでいた。この特徴は、すでにハリオットによって気が付かれていた。黒点はその後、組織的な研究対象となった。マウンダーは、太陽黒点は、ある特徴的な分布法則に従うことに気が付いた。サイクルの最初は、黒点の特徴的な出現箇所は平均として緯度 35°から 40°に集中する。黒点は数日で消えてしまうのが通常であるが 1 〜 2 カ月の寿命をもつものもある。新しい黒点が次々と生まれていくが、サイクルが進むに応じて、その発生個所は太陽赤道に近くなっていく。この様子は、時間の関数として、黒点の出現緯度をプロットするとわかりやすい。この図（図 21）は、ちょうど蝶々の羽のような形になるので、黒点の蝶型図あるいはマウンダー図と呼ばれている。片方の羽が 1 つの半球に対応する。そして、サイクルが強ければ強いほど、羽は大きく広がる。別の言い方をすると、黒点の総数でサイクルの強さを評価するが、それはサイクルの初めの黒点の出現緯度に依存するということである。この性質を利用すると、サイクル初めの黒点の

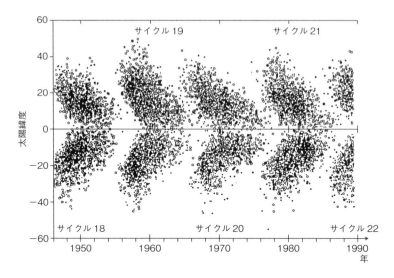

図21　マウンダー図あるいは蝶型図。近年までのもの（Sokoloff et al., 1994 による）。

出現緯度をみると、そのサイクルの強度を予測できるということである。今日では、来るべき次のサイクルの強度は、太陽活動が極小期あるいはその少し前の段階の地球磁場変動量をもとに予想されるようになった。実際、太陽活動極小期の地磁気活動と次にくる太陽活動の極大値とは正の相関がある。黒点の出現についてのメカニズムの説明がアメリカの天文学者ハロルド・バブコック（1882 - 1968 年）によって提案された。これについては後程解説することにする。

磁場サイクルあるいはヘール・サイクル

1つの太陽半球を考えてみると、黒点は2つのものが太陽の東西に並ぶような形でペアとなって現れる。先頭の黒点が後続のものより赤道近くになるような配置である。それぞれの黒点は磁場があり、極性が互いに異なる。この極性の配置は1つのサイクル内では変わらない。もう1つの半球では、黒点出現の様子は先ほどの半球と対称的であるが、極性が逆となっている。

北半球に現れる黒点について調べてみると、1つのサイクルの最初に現れ

る黒点は一定の極性配置になっている。ところが、次のサイクルでは、この極性配置が逆転する。したがって、磁場極性配置はシュワーベ・サイクルの2倍の長さの周期性をもつことになる。22年の周期性を示すこのサイクルを発見者であるアメリカ人天文学者ジョージ・ヘール（1868 - 1938年）にちなんでヘール・サイクルと呼んでいる。彼は、ゼーマン効果*を用いて黒点の磁場強度、極性を世界で初めて測定して、この22年サイクルを発見したのである。

太陽活動サイクルは、太陽内部で起こっている物理現象・状態が変化していることを明かしてくれている。我々の母なる天体を解明するという目的をもつ太陽物理学にとっては、太陽活動サイクルの研究は最重要課題である。この太陽活動サイクルの変動は地球物理学にとっても重要である。このことから、古代の太陽活動サイクルを復元して研究することは十分価値あることであり、必要なことである。

1610年以前のサイクルの復元

この分野では、研究者の色々なアイデアが出てきている。これまで注目されてこなかった情報からも、興味ある結果が得られてきている。

オーロラが1つの情報の源となっている。オーロラは大層雄大な現象で、時には人々を恐怖に陥らせることもあった（図22）。これは肉眼で見える現象であり、主としてオーロラ・オーバルと呼ばれる高緯度地方で現れるものである（図23）。このオーロラ・オーバルという領域は、地球磁場の極の周りの高緯度地帯を巡る地帯であって、ヨーロッパよりもカナダ

図22　オーロラ。南極のアデリーランドにあるフランスのデュモン・デュルヴィル基地で撮影。オーロラは様々な形をとる（カーテン状、帯状……）。この写真には、オーロラ観測カメラが手前に見えている。

でオーロラはよく観察される。程度の差はあるものの、オーロラ活動が活発なときは、スコットランド、ドイツ北部、時には南フランスでも見ることができる。

オーロラはパリで1621年観測されたのを皮切りに、ガッサンディによって呼称をつけられ、17世紀初頭以降、科学的な研究がなされるようになった。ジャン＝ジャック・ドルツー・ド・メイランが、

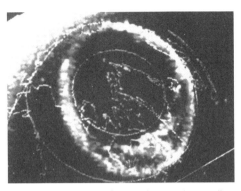

図23　**オーロラ・オーバル**。地球を周回する人工衛星ダイナミック・エクスプローラー搭載の紫外線カメラにて撮影。オーロラのゾーンは楕円形をしていて、夜側に位置している。写真の左上の明るいところは、太陽に照らされているところである。太陽は、写真右下から左上に向かう対角線上にある。オーロラ・オーバルは、この対角線に対して対称となっている。太陽活動が活発なときは、オーロラ・オーバルの厚みが増し、中緯度地域でもオーロラが見えるようになる。

1733年に王立科学アカデミーの紀要のなかで、オーロラは黒点と関係があることを推測した。太陽はその活動に応じて、多かれ少なかれ周辺の空間に粒子を放出する。この粒子は地球磁場に来ると、太陽側の磁場を圧縮し反対側の磁場を引き延ばす。太陽粒子、惑星間空間磁場[訳注3]、地球磁場の相互作用の結果、地球には磁気圏というものが形作られる。磁気圏の振舞いは単純なものではないけれども、ある条件のもとで粒子が加速され、南北の高緯度地帯の地球大気上空に到達する。ネオン管の発光と同じように、到達した粒子が大気中の原子や分子と相互作用をして発光するのである。オーロラの物理は複雑であって、その形、強度、出現条件は詳細までわかっていない。一方、近年の黒点、高緯度地方のオーロラの観測から、両者の発生頻度について定量的な相関があることがわかってきた。この関係を用いれば、古代のオーロラの観測記録から、昔のウォルフ数を復元できる。

オーロラが間接的な太陽活動の良い指標ではあるにしても、黒点の直接観

[訳注3] 太陽磁場は、太陽風に流されるような形で引き延ばされて遠く惑星間空間まで広がっている。これを惑星間空間磁場と呼んでいる。

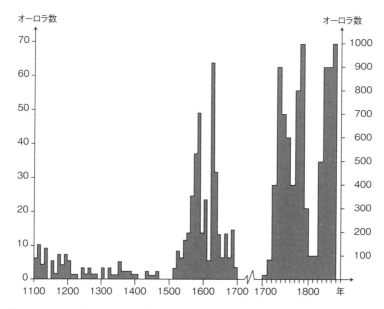

図24　1100年以降のオーロラ頻度。10年単位。シュペーラー・ミニマム（1410〜1525年）とマウンダー・ミニマム（1645〜1715年）が認められる。オーロラの観測数は、右側に目盛がある近年のものの方が、左に目盛がある昔のものに比べて圧倒的に多い。それぞれ、太陽活動を相対的に表しているとみるべきである（Fritz, 1873, Eddy, 1976による）。

測と同じように確かなものとは取り扱えない。実際、オーロラが観測される高緯度地方は、そもそも人があまり住んではいないところであり、発生していても記録されないこともある。それでも、オーロラの発生は、色々な年代記に記録されている。国と文化によって、出来事の吉兆あるいは凶兆として取り扱いは様々である。年代記に記録されている1610年以降のオーロラ発生数は、一定ではない。その数は黒点数と関係して変動しており、その検知は統計的にランダムではない。この黒点−オーロラ相関は、1645〜1715年間は特に明瞭である。この黒点が少ない期間では、オーロラはごく少数しか観測されていない。このような相関は、9世紀から12世紀にわたる期間においても確認されている。たとえオーロラの古記録に欠落ということがあって太陽活動の復元に正確性が欠けることがあるとしても、太陽活動の

第3章 太陽

（長期の）極大極小を判断するのに役立つと思われる。かくして、オーロラ観測は昔の太陽活動の復元に利するところがあり、また、多くの観測者が記録を残していることが幸いしている。もっとも記録の動機はひとそれぞれではあったと思われるが。フリッツは1873年にオーロラ観測のカタログを作り、そこからシュペーラー・ミニマム、マウンダー・ミニマムがあること、1700年以降太陽黒点と相関があることを確立した（図24）。

　また別の情報が、炭素とその同位体の研究から得られる。この元素は地上には豊富にあって、特に二酸化炭素に含まれている。このガスは植物に吸収され、葉緑素の働きで分子が分解され酸素が放出される。炭素の方は植物に取り込まれ、植物の体内を構成する材料となる。

　炭素の同位体は大気中の窒素分子と銀河宇宙線、銀河系外宇宙線との相互作用で形成される。これらの宇宙線の起源はいまだ解明されてはいない。宇宙線は強い磁場の領域と出会うと弾き返される。地球に降り注ぐ宇宙線については、地球磁場や、太陽活動に依存する惑星間空間磁場が関係する。古地磁気学によって地磁気の時間変動がわかり、それが宇宙線照射量に与える影響は評価ができる。残りは、太陽活動の強度に依存する惑星間空間磁場による影響である。これらの考察から、炭素14の生成率は太陽活動と反比例するという結論が得られる。これを使うと、炭素14と炭素12の比率（$^{14}C/^{12}C$）から過去の太陽活動の強度を復元できることになる。この分析に用いられるのは、材木の年輪である。年輪の幅は気象条件によって異なる。1年で広い幅の部分と狭い幅の部分とができる。この年輪のパターンを標準的なパターンと比較することによって年輪のできた年代を決定できる。この年輪年代学手法は、1年の精度で絶対的な年代を知ることができる。

　放射性同位元素の炭素14は、半減期5730年である。これを利用すると、3万5000年程度までの年代を遡って当初の炭素14の成分比を復元することができる。図25にその結果を示す。ウォルフ、シュペーラー、マウンダーのミニマムや、中世高温期の太陽活動極大期が見て取れる。さらに大事な点は、東洋での黒点肉眼観測と結果が整合していて、シュペーラーやウォルフ・

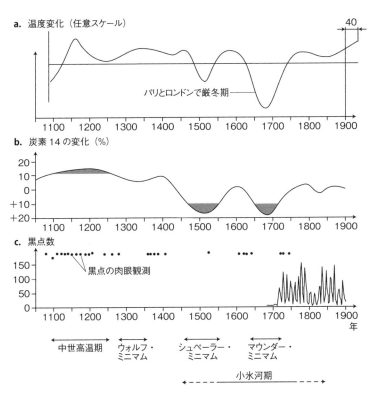

図25　1050年以降の温度（a）、炭素14の存在比率（b）と太陽黒点数（c）の変化。シュペーラー・ミニマム（1411〜1524年）、マウンダー・ミニマム（1645〜1715年）、ウォルフ・ミニマム（1281〜1347年）と長期に太陽活動が盛んであった中世高温期（1100〜1250年）が認められる。パリとロンドンの厳冬期年代も示されている。望遠鏡で観測された黒点数変化は1680年以降のものである。1610年以前の肉眼黒点観測は●印で示されているが、太陽活動が低調な場合には少なくなっている。冬の厳しさを示す温度曲線は、炭素14の変化と一致させるため40年ずらして表示されている（Eddy, 1976, Lean and Ring, 1998による）。

ミニマムには確かに肉眼黒点が少なかったということである。

　この手法は、ベリリウム10という同位体にも適用でき、ウォルフ・ミニマムの黒点僅少性を確認している。ベリリウム10の半減期は1500万年であるので、炭素14よりもさらに過去の年代まで遡った太陽活動の復元に利用できる。

　沈降堆積物も重要な情報源である。1年単位で堆積層ができ、様々な同位体を含んでいる。そこには、鉛、ラジウムなどの自然放射性同位体や、核爆

第3章 太陽

発で作られた人工放射性元素や、炭酸塩が含まれている。この炭酸塩には、炭素 12 と炭素 13、炭素 14 などの同位体が様々な比率で含まれている。堆積物の中でも特に重要なものがある。例えば、イタリアの南に位置するイオニア海でのものは、ポンペイ（79 年）、ポレナ（472 年）とイシア（1301 年）の火山爆発の沈降堆積があり、絶対年代が決められることと堆積が定常的であったことを示せるという利点がある。この堆積層中の $^{14}C/^{12}C$ の存在比分析から、2000 年の過去までの太陽活動が復元できて、シュワーベ・サイクルや、もっと長いグライスベルグ・サイクル、スエス・サイクルが確認されている。この長期のサイクルは、他の方法でも確認されている。

太陽変動の源としての磁場

現在我々は、観測されている太陽活動をすべて説明できているわけではない。回転している球体の中に強い磁場が存在しており、プラズマガス[*]が乱流状態で対流をしている状況を理論的に解明することはとても難しいのである。

黒点の周期的なサイクルおよびそれに伴う変動を説明するには、対流、磁場、渦不安定性の 3 つが本質的な役割を果たす。シュワーベの 11 年サイクルの説明は単純ではなく、そのメカニズムはある意味で謎である。1961 年バブコックによって基本的なアイデアが提案された。これに基づいて、現象を司る方程式が開発・展開されてきた。この方程式は、対流と磁場を取り扱うために、多変数の偏微分連立方程式となっている。この解の詳細は本書の範囲を超えるので説明は差し控える。問題を簡単化するために対流と磁場を切り離して考えよう。片方の状態が与えられたときにもう一方の状態がどのように影響を受けるかという演繹的な振舞いを見るわけであるが、相互に作用を及ぼしあうときには、もちろん簡単には取り扱えない。

我々は対流がどのようにして生まれるかを本書の前の方で考えた。重力が働いているところで、熱いものが冷たいものの下にあるような温度状況で発生するというものであった。このような状況では、対流の流れは重力とほぼ

平行な方向になる。一方、力学の重要な定理の1つに、角運動量保存の法則というのがある。乱流対流による角運動量輸送とプラズマに働く磁場の力が相まって、自転を緯度に依存する形で減速することになる。

次に、差動回転が磁場に与える影響を考えてみよう。

1955年にユージン・パーカーが初めて太陽磁場の起源について説明を与えた。太陽の温度は極めて高く、その熱エネルギーでその中の原子は原子核と電子に切り離される。したがって、電流を流しやすいプラズマ状態となる。電流が流れると磁場が作られる。太陽の深いところには、地球磁場とよく似た弱い双極磁場が南北方向にあると仮定する。この仮定は太陽活動静穏時のコロナが南北方向の双極磁場の形となっているという観測から頷けるものである。この状態がシュワーベ・サイクルの最初の時期である。差動回転の影響で、磁力線は変形を受けていく。ねじられていくことによって、磁場が強くなっていく。差動回転はトロイダル磁場（緯度方向の磁場成分）を作りだ

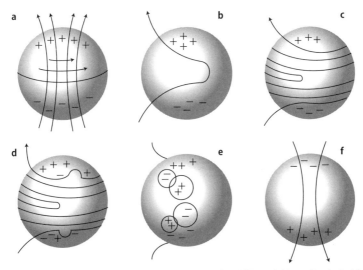

図26　シュワーベ・サイクル。サイクルの最初では、太陽磁場は子午線に平行である（a）。差動回転が、磁力線を赤道と平行になるように引き延ばす（b,c）。磁場が強くなり、極性が反対の双極性黒点群が作られる（d）。この黒点は、赤道の方に拡散していく（e）。残された単極磁場は、極の方に移動して、磁場の向きが正反対ではあるが、初期状態の磁場を形成する（f）（Paterno, 1998による）。

し、磁力線は東西を向くようになり、ますますねじられていく。磁場強度が強くなると、磁気圧力が高まり、磁場の一部を浮上させる。この浮上は程度の差はあれ、乱流的でねじりを伴ったものであろうと思われる。この浮上現象は黒点の起源であるのは確かであろうし、実際観測されている事柄とよく合致する。磁場の一般的性質から、磁気ループの浮上は2つの双極性の黒点の発生を説明するし、南北で極性が逆であること、それぞれの半球の先頭の磁場極性が逆であることも説明できる。差動回転がトロイダル磁場を発展させるにつれて、双極の黒点は赤道の方に近寄っていき、南北半球の先頭極性黒点同士が接触して消滅する。先頭極性の方が後続極性よりも赤道に近い位置にあるので、この消滅は先頭黒点同士の間での方が起こりやすい。その結果、初期とは逆の極性をもつ磁場が生き残る。この生き残った単極黒点が極方向に拡散し、徐々にトロイダル磁場の強度を弱めていき、最終的には初期の大規模双極性磁場と正反対の極性のものを作る。磁場のサイクルの寿命は、かくしてシュワーベ・サイクルの倍の長さとなる。ちょうどヘールが観測的に明らかにしたごとくである。

　バブコックのメカニズムは、初めに大規模双極磁場の存在を仮定している。その初期磁場が差動回転によってトロイダル磁場（黒点）を作るのであるから、この初期磁場強度が黒点活動の極大値を決めている。したがって、サイクル初期の状況からそのサイクルの極大値を予想できるのである。

　このように、シュワーベ・サイクルは説明できそうである。わかっているすべてのプロセスを取り込んで数値計算をした結果をみると、観測されている事柄を説明できそうである。しかしすべてが説明できるわけではなく、シュワーベ・サイクルの振幅の変動、グライスベルグ・サイクル、そして、マウンダー・ミニマムのサイクルの消滅などは、未だ説明がついていない。

太陽から放出されるエネルギー

光として

　簡単なプリズムを通して太陽光を見たり、虹の光を見たりすると、太陽光は単色ではないことがわかる。太陽から放射される光は、極めて波長の短いγ線から電波に至る幅広いスペクトルをもっている。太陽から放射される光子が地上に届く際には地球大気を通過する。太陽光の一部は地球大気の色々な成分によって吸収されてしまう。上空25kmにあるオゾン層は、300nmより短い波長の光子を吸収して我々を保護してくれている。生物細胞はこの波長の光を浴びると死滅してしまうのである。我々が呼吸している酸素分子、水蒸気と炭酸ガスが、オゾンの次に大事な有害光吸収物質である。

　太陽から放射されたエネルギーを地球の大気圏外で受けた量が太陽定数と呼ばれる量である。正確には、太陽から1天文単位離れた場所に置かれた太陽光線に垂直な $1m^2$ の面がうけるエネルギーで、平均 $1368W/m^2$ という値である。太陽表面の光の放射は一様ではない。地球で受けるエネルギーは、太陽表面上のどこから来た光であるのかに依存する。太陽の自転軸は、黄道面に垂直であるので、赤道あるいはそれに近いところが、太陽定数に一番寄与する領域である。黒点の出現によって光の放射率が大きく変わるのは、この領域である。このために、太陽定数の変動が引き起こされるのである。一方、全方向に宇宙空間に放射される太陽の光度は、ほんのわずかしか変動しない。それも、シュワーベ・サイクルよりはもっと長い時間スケールの変動である。

　太陽定数は地球にとって第一義的に重要な量であり、何世代にもわたって天文学者がその値を正確に測定しようとした。19世紀初頭に行われた最初の測定値は、測定によってバラバラでなかなか一定のものにはならなかった。別の測定がアメリカの天文学者サミュエル・ラングレー（1834 – 1906年）

によって 1881 年に行われ、次いでその弟子チャールズ・アボット（1872 - 1973 年）によって、1934 年に 1355W/m² という値が得られた。黒点の存在で推測される変動の検出が、地上からの測定では難しかったため、とりあえず「定数」という名で呼ばれた。実際、その量は変動をするのであるが、当時の観測精度では検出できなかったのである。さらに、地上観測において

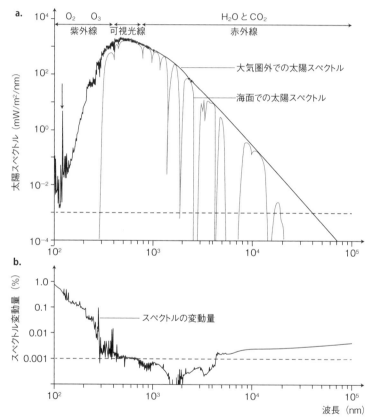

図 27　太陽スペクトル（a）とその変動量（b）。100nm から 10μm の間の波長範囲の太陽スペクトルを、大気圏外で観測したものと地球大気で吸収された後のものに分けて表示している。大気圏外のスペクトルは、地球周回衛星で観測されている。大気圏外のスペクトルは、太い実線、海面でのものは薄い灰色線で示されている。大気圏外でのスペクトルは、赤外線域では吸収線は少なく、紫外線、可視光線の波長で多数のフラウンホーファー吸収線を示す。160 nm より短い波長では水素原子起源の 121nm のライマン α 線が強い輝線となっている(矢印)。海面で見た太陽スペクトルは、地球大気中の水蒸気や二酸化炭素によって作られた吸収線が赤外線域に多く見られる。太陽スペクトルの変動量（b）は、可視光線波長付近で一番小さい（Lean and Fröhlich, 1998 による）。

は大気吸収分を正確に補正するのが難しく、絶対的な測定を阻んでいた。正確な測定をするためには、放射計[*]という精密安定測定装置の開発を待つ必要があったし、太陽定数の変動を検出するには、大気圏外で測定するという宇宙時代を待つ必要があった。何回かはロケット観測がなされたけれども、重要な結果はやはり長期間の観測から得られた。最初の衛星観測はニンバス（NIMBUS）7 によってなされた。これにより、1978 年 11 月から 1992 年 12 月のデータが得られ、その後、太陽活動最大期ミッション衛星（SMM）に引き継がれ、1980 年 2 月から 1989 年 6 月までのデータが得られた。さらには、上層大気研究衛星（UARS）や太陽太陽圏観測衛星（SOHO）がこれを引き継いだ。NASA のスペースシャトルによっても短い期間ではあるが、何回か測定がなされている。

　放射計による測定は、絶対測定であって何らかの基準と比較する必要がないものである。あるときに 2 台の放射計で同時に太陽を測定したとき同じ値を出すはずである。放射計は、微小な相対変動を捉える際には極めて良い精度をもつが、絶対的な精度は約 0.15％程度である。このため、各測定機器による精度の違いから相互には 4W/m^2 程度の差がみられる。とはいえ、変動のセンスはどの放射計でも同じである。機器相互には変わらない。20 年間にわたる測定から、太陽定数がシュワーベ・サイクルに応じて変動することが明らかになった。サイクル 21、22 の場合は、その振幅は 0.1％であった（図 28）。さらに、太陽定数は太陽の自転に応じても変化することがわかった。その原因は、11 年変動の原因とは異なる。自転による変動は、黒点があると太陽放射を変調することが原因である。地球から見て黒点が太陽面のどの位置にあるかによって変調の程度は変わり、太陽面の縁に位置するときは変調がない。急激で短命な変調の大きなものは 0.15％のものが観測されている。

　太陽定数がこのように変動すると、太陽光スペクトルもそれに応じて変動する。その変動幅が大きいのは、波長の短い部分と電波波長の部分である。ところが、これらの波長の光は太陽定数に対する寄与は無視できるほど小さ

第 3 章 太陽

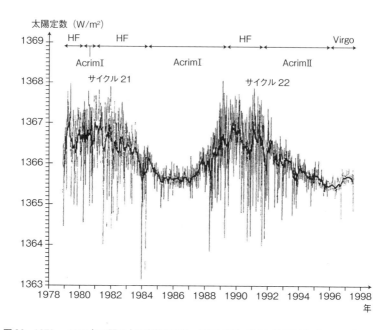

図 28　1979〜1998年の間の太陽定数の変動。ERBS（HF）、SMM（ACRIM I）、EURECA（ACRIM II）、SOHO（VIRGO）、NOAA9 での観測と、スペースシャトルの観測データを使ってサイクル 21 と 22 の太陽定数の変動が求められた。これらのミッションは時期的に重なっており、観測機器相互の相違が補正されている。太陽活動が盛んなとき（1980〜1982年、1990〜1992年）には、黒点が存在することによる、太陽定数の変調が認められる（Fröhlich and Lean, 1998 による）。

い。太陽定数の変動に影響が大きいのは、紫外光である。紫外線の中でもより短波長のものの寄与が大きい。太陽定数が変動したときに、どの波長の光が大きく変わったかを知っておくことは大事である。地球環境への影響は波長依存性があるからである。そのため、太陽定数の変動と 200〜400nm の地球照射 UV 光の関係が、軌道上の衛星観測で観測された。シュワーベ・サイクルの期間の長さまでの長期間について調べられ、10 年程度の変動の振幅の 30% は 200〜400nm の紫外光によるものとの結果が得られている。もっとも、この最後の結果は、再確認される必要があると思われる。

粒子として：太陽風

太陽から惑星間空間に向けて粒子が放出されることは、ノルウェーの天文学者クリスティアン・ビルケランド（1867 – 1917 年）が極地方のオーロラを説明するために 1896 年に考え付いていた。しかしながら、オーロラは常時発生するものではないので、このような粒子放出は間欠的に発生するものと考えられた。ノルウェーの地球物理学者カール・シュテルマー（1874 – 1957 年）は、地球と同じような磁場をもつ球体に粒子ビームが進入するとき、南北の高緯度帯にできる冠のような形の領域内の大気の高さまで到達することを明らかにした。この南北 2 つのゾーンはオーロラ帯に対応するものである。その後、この進入する粒子ビームは、同じ符号の荷電粒子だけではないことが明らかとなった。なぜなら、同符号の荷電粒子は相互に反発するクーロン力[訳注4]が働き、ビームが拡散してしまうためである。このビームは、電子、陽子、ヘリウム核でできた全体として電気的に中性のプラズマでないといけない。ドイツの宇宙物理学者ルードビッヒ・ビアマンが 1951 年に、彗星のイオンテイルという尾が太陽と反対を向くためには秒速数百 km で動くガス流が必要であること示した。多数の彗星の尾の観測がなされて、この現象を説明するビアマンのアイデアを支持することとなった。ユージン・パーカーが 1958 年にこの粒子流に太陽風という名を与えた。間もなく宇宙探査機が太陽風の存在を実証し、ソビエトのルナ（Luna）6 号機やアメリカのエクスプローラー（Explorer）10 号機で太陽風が常時あることを確認した。その後に続くミッションでは、太陽風の成分や太陽活動によって太陽風がどのように変動するかが調べられた。この最後の性質があるからこそ、オーロラの観測や炭素 14 から過去の太陽活動を復元することができるのである。

[訳注4] 静電気力。異なる電荷をもつ物体は互いに引き合い、同種の電荷をもつ物体は互いに反発する力である。

第 3 章 太陽

太陽直径は太陽活動の指標であるのか

　月のような天体はその表面が固体であるので、極方向や赤道方向の角直径
は問題なく定めることができる。一方、表面がガスである天体の場合には、
直径を決めることは少し難しい。ある波長（λ_0）での天体の写真を例にとっ
て考えよう。像の中心からある方向に、明るさが位置によってどう変わるか
を測定してみる。像の縁では明るさは急激に変化してゼロになる。この中心
から縁に向けての変化を利用して、ガスでできた天体の直径を決めることが
できる。例えば、中心の明るさの半分の明るさをもつ位置を定めて、この 2
点間の距離を直径とする方法がある。もう少し一般的に、別の形で定義する
こともできる。太陽大気が指定された波長（λ_0）の光に対する不透明度を
使う方法である。この場合は、波長によって直径は異なってくる。もう少し
詳しく以下でみてみよう。

　太陽の角直径は約 32 分角である。この値は、地球が楕円軌道をしている
ために季節によって変化する。このことにとりわけ興味をもったのがジャン・
ピカールで、彼は 12 月と 6 月で角直径が 67 秒角変化することを見つけた。
太陽の直径を測定するには、2 通りの方法があることを第 2 章ですでに述べ
た。1 つはマイクロメーターを用いる方法で、もう 1 つは子午線を太陽が通
過するときに東西の縁の通過時刻の差から求める方法である。その他には、
日食のときに月と太陽の直径を測って月を基準として太陽直径を求める方法
や、水星が（1 世紀に 14 回程度起こる）日面を通過する時間を測って太陽
直径を求める方法などがある。1715 年の日食以降を見てみると、長期間単
調に直径が変動する兆候はないが、約 80 〜 90 年周期のグライスベルグ・
サイクルは、太陽直径の変動として認められる。地上からの太陽直径の測定
においては、太陽の縁を決めるのが難しいという問題がある。これは、太陽
光が地球大気を横切って伝わってくるときに、大気乱れによって光線の向き
が乱されて太陽像の縁が少しぼやけるためである。それにもかかわらず、そ

して未だ宇宙空間からの観測がなされていない時代でも、太陽直径は多数の天文台で定常的に測定がなされてきている。グラースの地球力学・位置天文学センター(CERGA)では 1975 年以降、アメリカのウィルソン山天文台、ユーゴスラビアのベルグラード天文台、ブラジルのバリンホス天文台では 1978 年以降、チリのサンティアゴ天文台では 1990 年以降観測が開始され継続されている。近年の観測は昔の日食を利用する方法やオーズーのマイクロメーターを使用する方法に比べて格段に精度が上がっており、CERGA やチリの観測では 0.15 秒角の精度に達している。

　測定精度の進歩にもかかわらず、太陽直径の測定結果には疑念がもたれてきたし、いまでも認めない人もいる。本書の主題に照らして重要な点であるので、1975 ～ 1983 年の観測から導き出された結果を検討してみよう。CERGA およびベルグラード天文台の測定結果は、両者とも、太陽直径は 0.5 秒角の振幅で約 900 時間 (約 27 カ月) の周期で振動していることを示した。振動の位相は両者とも一致していた。このような観測は観測者の個人的な資質に影響されることはあるが、異なる観測所の異なる観測者によって得られた結果の変動の振幅と位相が一致しているということから考えると、どうも確からしいと思われる。一方、地球成層圏では 27 カ月の振動 (準 2 年振動[*])がある。この 2 つの振動の周期が近いことから重要な点が浮かび上がる。太陽直径はそれ自身として振動するのであろうか。大気の振動が太陽直径の測定に影響を与えるのであろうか。あるいは、太陽の 27 カ月振動が、成層圏振動を引き起こすのであろうか。

　この問題は、長らく論争されてきたところである。論争に決着をつけるため、様々な考えが提案されている。成層圏振動は低緯度地帯に限られており、その地帯を離れると急激に振幅が落ちる。太陽直径の観測所は、高緯度にあり成層圏振動の影響は受けない。統計数学的には、6 年間の観測から 3 年程度の周期をもとめること、観測精度が 0.5 秒角のデータであること、観測データ点数が限られていることが問題となる。1984 年以降、測定精度と測定回数が改善された。成層圏振動の振幅は以前と同じ程度であったにもかかわら

ず、太陽直径の振幅は 1985 年以降小さくなった。27 カ月の太陽直径振動は、1978 〜 1984 年の観測に何らかの影響が入ったための偶然の結果であるか、あるいは本当に太陽起源であるかのいずれかである。太陽が示す周期現象としては、太陽から放射されるニュートリノ量に、27 カ月周期変動があることが知られている。これは、成層圏振動に関係があるとは思えないけれども、太陽から放射される光や粒子の量と関連している可能性がある。もっとも、この点は現在まで確認されてはいない。いずれにせよ、太陽光が地球大気中を伝搬してくることが地上での太陽直径観測に影響を与えて制限をかけているのである。

　太陽直径の変動に関して基本的な問題が 1 つある。それは、太陽活動に関係しているのであろうかという問題である。それに答えるには、それぞれの測定を比較すればよい。1975 年から 1998 年までのシュワーベ・サイクルの周期は 11.8 年であった。太陽直径の測定データをフーリエ解析して振

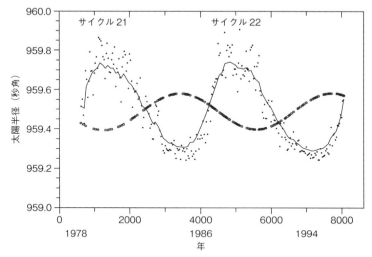

図 29　1978 年以降の太陽直径と活動性の変動。天文学、地球物理学などの分野で、長期の時間変動現象の研究には、時間的に連続した尺度が使用される。ときには、その尺度は定性的な任意スケールになることがある。太陽活動は、黒点数で示されている。太陽直径は、1978 年以降の CERGA での観測が表示されている。破線で示されている直径の 11.8 振動は、実線で示されている黒点の変動と反相関の関係にある（F.Laclare, 1999 の私信による）。

動周期を求めると、11.8 年であった。太陽直径は太陽活動と逆相関である。次の第 4 章で、太陽定数が黒点数に依存することが示される。近年の観測によると（1997 年以降、程度は小さくなるが）直径と太陽定数は負の相関になる。言い換えると、黒点数が小さいときには、太陽は大きいのである。

　ところが、ウィルソン山天文台のデータを同じように解析すると、結論が異なってくる。この解析では、直径と太陽定数は同じ位相で変動するという結果であった。ウィルソン山で行われているのは 1 本のフラウンホーファー吸収線での観測であって、太陽直径というよりは太陽活動の測定に該当するものではある。この場合もやはり地球大気による像の乱れが影を落としているのである。かくして、観測測定という土俵内では、論争は収束しない。理論の土俵でもそれ以上ではない。しかしながら、強調しておくべきことは、太陽定数は太陽緯度が低いゾーンで現れる現象と関連があるという点である。黒点が現れて地球が受ける太陽光のスペクトルを変調したり、太陽磁場に周期的な変動を起こしたりするゾーンである。このことから、いくつかの理論では、少なくとも低緯度では太陽直径は太陽活動に依存することを支持している。

　太陽直径と太陽定数との関連をはっきりと確立することは太陽物理学にとって第一級の重要性をもつことであるし、ひいては後述するように気候学にとってもそうである。地上からの測定結果についての煩雑な議論を避けるためには、大気圏外から測定するのが一番である。このような測定は気球を使用して 35km の高度から測定することが端緒となった。実際 1992 年と 1994 年に成層圏で気球観測された。長期の変動を捉えるには期間が短すぎたものの、この 2 年の間で太陽直径が 4km 低減し、太陽定数は増えたという結果を得た。ごく最近、ヨーロッパの人工衛星 SOHO に搭載されている MDI 装置による 5 分周期の太陽振動現象の解析（日震学）から、短い期間で太陽直径は変動するという結果が得られている。

　地上観測や気球観測の結果を総合すると、直径と太陽定数との間に関連があることは確かであろうと思われる。

第3章 太陽

　しかしながら、この関連を正確に把握するには実測が欠かせない。宇宙空間での直径測定と太陽定数測定を同時に行い、数年間連続することが必要である。

　この計画プログラムは 2002 ～ 2003 年に予定されている^{訳注5)}。その結果が出るのを待つ間は、すでにある過去の記録を利用して研究する作業がまだ残っている。特に、古いけれども基本的な王立科学アカデミープログラムの中で行われた太陽直径測定資料を頭に置いておく必要がある。このこともあり、次章ではピカール、カッシーニ、ラ・イールによって過去 1000 年の間で最も寒冷化したマウンダー・ミニマムの直径測定を詳しく検討しようと考えている。

---

^{訳注5)} なお、この結果は巻末の原著者「おわりに」に記されている。

第 4 章

太陽定数の変動

第4章 太陽定数の変動

　太陽は変動する恒星である。太陽定数の変動がその表徴の1つである。シュワーベ・サイクルは明らかにされているが、もっと長い周期のサイクルも観測されている。17世紀の太陽活動の異常性は、50年もの間、周期的活動がほぼなかったことである。太陽だけが独特なのではない。太陽型の他の恒星では、周期的な活動を示していたりするものや、17世紀の低調な活動と同じように活動を示さないものもある。長周期の活動変動や外部起源の変動が存在しており、これらは太陽からくるエネルギーが地球の気候に与える影響の変化を理解することに役立つのである。

太陽黒点磁場による熱的効果

　太陽黒点での温度は周囲の光球より約1000℃低い。強い磁場が太陽から放射されるエネルギーの一部を妨げているのである。したがって、大きな黒点が太陽面に現れているとき、太陽定数は低下する。一方、黒点に付随するファキュラ領域は周辺光球より強い可視光や紫外光を放射する。

　詳しく述べると、太陽活動が高いときには、波長依存性はあるものの紫外光が強くなる。増減の差引勘定をすると、ファキュラによる増が黒点による減を上回っている。太陽活動サイクル22では、活動極大期が極小期に比べて太陽定数は0.1%高くなる変動であった（86ページ図28）。

17世紀の観測

黒点観測

　17世紀の始まりの幕は、太陽黒点研究にとって幸いなこととともに開けられた。誰が黒点を最初に発見したかということは別にして、1609～1610年以降黒点が観測され続けたということは第一番に重要なことである。東洋の観測は無視されてはいたけれども、天文学者によって引き起こさ

れたこの現象についての関心のお陰で、連続的にそして定常的にこの現象を観測すべしという考えが強くなった。定常的な観測というのは、周期現象を明らかにするためには必須のことである。クリストファー・シャイナーは彼の人生の 30 年間分を黒点観測に捧げたのである。

王立科学アカデミーが設立されたとき、太陽観測プログラムが設定され、主としてジャン・ピカールによって実施された。彼の死後は、弟子のド・ラ・イールが引き継いだ。太陽の運行表以外に、黒点観測、直径測定、自転速度測定がプログラムの中に含まれており、70 年間で 8000 日以上の観測がなされた。

太陽黒点が発見された後、天文学者はその観測を続けたが、黒点そのものが現れなかった（1645 〜 1715 年の無黒点期間は 70 ページの図 20 で明らかである）。この黒点不在について、単に観測をしなかっただけではないかという考えから疑われたこともあった。しかし、望遠鏡で黒点を発見してから、2 世紀半後に黒点数の周期的な変動が発見された。黒点現象という明白な事象を専門家の天文学者が見逃すことがあるであろうか。実際に黒点がなかったものと思われる。

実際、観測は休むことなく行われていた。これは色々な天文台の年次報告

図 30　黒点をスクリーンに投射して観測している天文学者クリストファー・シャイナー。観測者に少しの危険も与えないこの方法が、常にとられている。望遠鏡に減光フィルターを付けて直接覗く方法は、注意を怠ったり偶発的な不運な事故があると、目に回復不能な障害を起こしてしまう。このような観測をする場合には、シャイナーの方法を用いることをお勧めする（*Rosa Ursina*, 1630 の図より）。

に記載されている。

　ウラニボリへの観測旅行の際にも、ピカールは何度となく観測をしていた。1671年8月13日にアムステルダムに向かう船上で午前中の11時間にわたって1つの黒点を観測することができた。彼の言葉を借りると、「これまでと同じように注意を払って観測してきた。この10年間1つの黒点も見つけられなかったので、この黒点を見ることができて格別に喜ばしい」。

　この文言は、カッシーニによって「(ピカール)は、黒点を研究するために注意深く観測してきたにもかかわらず、この10年間1つの黒点も見ることができなかった。その状況で1つの黒点を見ることができて彼は非常に喜んだ」と引用されている。

　1671年の毎日行なう定常観測の際には、次のように書き記している。「望遠鏡の発明以来、時々その存在を観測されてきた明瞭な黒点が、ここ20年間1つも観測されていない」。1676年8月には次の注記を残した。「1676年の3番目の黒点が現れた。この年は過去20年間黒点が現れなかったのに比べて出現頻度が高くなってきている」。イギリス王立グリニッジ天文台の

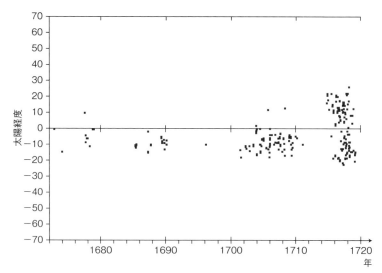

図31　マウンダー・ミニマムでの蝶型図。近年の蝶型図（74ページ図21参照）と比較すると大きく異なる（Ribes and Nesme-Ribes, 1993より）。

天文学者ジョン・フラムスチードも、1676年以降の無黒点状態に驚きつつ同様なことを書きしるしている。

黒点がない状態を見るために、1650〜1720年間の蝶型図を描くと、近年の蝶型図との違いがよくわかる（図31）。黒点の数がそもそも少ないこと、南半球に黒点が偏在していること、黒点が通常のゾーンに現れず、蝶の羽の形をとらないことなどが17世紀の特徴である。

また、太陽コロナは日食のときに見られるが、太陽活動が活発なとき、コロナは大きく拡がった形で見えるものである。ところが、1715年以前の日食観測では、このように広がったコロナは報告されていない。これは、太陽活動が17世紀後半マウンダー・ミニマムになっていて、ずっと極小状態であったということとつじつまが合うのである。

オーロラ

オーロラも太陽活動の指標の1つである。地磁気緯度が低いので、フランスで観測されることは稀であるが、太陽活動が極大に近いときには見ることができる。ルイ14世の治世下では、オーロラ活動は極小状態であった（77ページ図24参照）。1716年と1726年には、中緯度帯でも観測できる強いオーロラが起こった。天候の加減で、パリ地区では2番目のものだけが実際観測されている。一部の人にはその出現は恐怖感を与えたので、忘れ去るべきものとして考えられたであろう。王が王立科学アカデミーに諮問したところ、ドルツー・ド・メイランがこの現象を調査して、1733年に結論を発表した。その内容は18世紀初頭にオーロラ活動が再開したというものであった。マウンダー・ミニマムの間にもオーロラ活動があったということは、10年程度の太陽活動現象にとって興味深いことである。黒点がないということから、太陽活動サイクルは消えたと考えがちであるが、実際はオーロラ活動からみるとサイクルは存在していたことになる。サイクルの振幅が小さくなって、往時の望遠鏡では検出できない状態であったと考えられる。

第 4 章 太陽定数の変動

太陽直径

ピカールは 1 年間で日々太陽直径がどのように変わるかという測定から、地球公転の離心率を求める考えをもっていた。オーズーマイクロメータを用いて 1668 年と 1669 年に行った結果が図 32 に示されている。ここで示されている水平方向の直径というのは、望遠鏡視野内の水平方向という意味であり、太陽の赤道方向の直径という意味ではない。地球の自転軸が黄道面に対して傾いているため季節によって太陽の自転軸の方向は変わるのである。1 年を通じて太陽直径は 67 秒角の振幅で変化しており、この値からピカールは地球公転軌道の離心率を求めた。オーズーにすでに伝えていたように、この測定の相対誤差は約 1 秒の精度であった。彼は「太陽直径は 1 秒角の精度で計ることができる。遠地点では 31 分 37 秒角あるいは 31 分 38 秒角であって、決して 31 分 35 秒角ではないであろう。近地点では 32 分 45 秒角か 32 分 44 秒角であろう」と書き記している。実際上、木星の直径の測定の際には 0.5 秒角の精度に達していた（第 3 章 56 ページ参照）。図 32 には、観測時の軌道要素を用いて計算された直径の予想変化を示している。太陽の直径を測定するときには地球大気の影響で 3.1 秒角大きく観測されるが、この効果は補正済である。この地球大気の影響は、ハーロー（日輪）と同じようなものである。大気屈折も補正されている。1 年間の変化の様子は、理論と観測と一致している。ところが、7 秒角の系統的な差がある。観測地の局所的な大気の影響で測定値が大きくなることは考えられるが、夏も冬も一定のずれがあることから、局所的な大気の影響ではないと判断できる。測定値と理論値のずれは、一定量と半年で変動する成分でできている。半年変動は、夏至・冬至のときに大きく、秋分・春分のときに小さくなるものである。夏至・冬至のときには、水平方向の直径は太陽赤道方向の直径に対応するが、春分・秋分のときには、地球自転軸の傾きと太陽自転軸が黄道面から 7.25° 傾いていることから、水平方向の直径は太陽赤道から 20° 傾いた方向の直径となる。その位置というのは、黒点がよく現れるゾーンである。今日

では、黒点があって、それが太陽面の縁に近づくと太陽直径を小さくする効果があると知られている。半年周期の変動の説明がこれである。測定機器による一定のずれ（バイアス）というのも考えられる。1666 年から 1719 年にかけて行われた測定でこの点を確認することができる。各年の測定回数は、1719 年の 34 回から 1701 年の 226 回であって、毎年平均 150 回である。年ごとに平均直径を計算することができる。マウンダー・ミニマムの間の太陽半径は 962.73 秒角であった。太陽活動が再開した 1715 年は、961.78 秒角であった。この値は太陽活動が通常状態であった 1642 年の測定でウィリアム・ガスコインが得た値とほぼ一致する。この 2 つの数値を比べると、測定機器のバイアスということはなく、太陽はマウンダー・ミニマムには 1 秒角程度半径が大きかったということになる。

　その他の事実も太陽がルイ 14 世の治世下で異常であったという考え方を支持している。

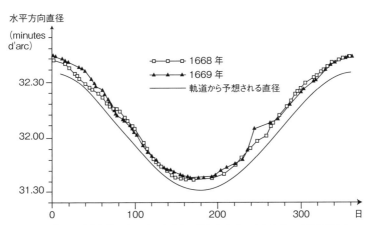

図 32　**太陽直径の季節変動**。太陽が最大高度に達したときの水平方向の直径が示されている。この変動は、地球軌道が楕円であること（楕円の離心率の大きさ）によるものである。実線は、軌道データから予想されるものである。観測値は、それから系統的なずれがある。ジャン・ピカールとエチエンヌ・ヴィリアールの観測と、それに引き続いて 1718 年まで行われたフィリップ・ド・ラ・イールの観測によると、マウンダー・ミニマムの太陽直径は、1715 年の太陽活動再開時に比べて、確かに大きかったことを示している（Ribes and Nesme-Ribes, 1993 による）。

第 4 章 太陽定数の変動

太陽の自転速度

　太陽直径の測定は黒点の移動の観測と関連しており、後者により太陽の自転速度の緯度依存性を定めることができる。その方法および検討には立ち入ることはしないが、太陽は過去ゆっくりと回転していたことがわかっている。現在に比べて自転がゆっくりであったということは太陽赤道上の黒点の移動量でわかる。この驚くべき結果は、1900 年頃の太陽活動サイクル 12、13、14 の 3 サイクルが 1715 年頃の低い自転速度と同様であったということで再度確認されている。1900 年頃の写真を並べて、赤道上で黒点の移動をみてみると、太陽面を横切る日数が 10 分の 1 日余計にかかっており、17 世紀の状況と一致している。

　自転速度の低下は、角運動量の保存則に照らして考えると、太陽直径の増大とつじつまが合うと考えられる。

　黒点の日々の位置変化の観測は差動回転の様子も教えてくれる。それによると、17 世紀後半の時期には、現在よりも自転速度の緯度勾配がより大きかったという重要な結果であった。

　太陽のモデルは、観測事実をすべて説明できているわけではない。17 世紀後半の太陽活動低下は、自転速度が低下しており、差動回転がよりきつくなっていて、黒点数が減少していることによると思われる。さらに、観測的に明らかになった、太陽直径と太陽定数の逆相関関係（第 3 章 90 ページ）から、太陽定数が減少していたと思われる。マウンダー・ミニマムには太陽定数が現在よりも小さかったと考えられる。このことから、過去の太陽定数を復元することが企画されたのである。

1610 年以降の太陽定数の復元

　すでに説明をしたように、太陽活動はシュワーベ・サイクルに従って黒点とそれを取り巻くファキュラを発生させ、それによって太陽定数を変調させ

る。可視と紫外の波長で、黒点では減光し、ファキュラではそれを補うように増光して変調するのである。太陽全面像写真を用いて、日々の黒点の見かけの大きさから、黒点による減光分がどれだけであるかを見積もることができる（図33のb参照）。スペースでの太陽定数観測（c）から、黒点による

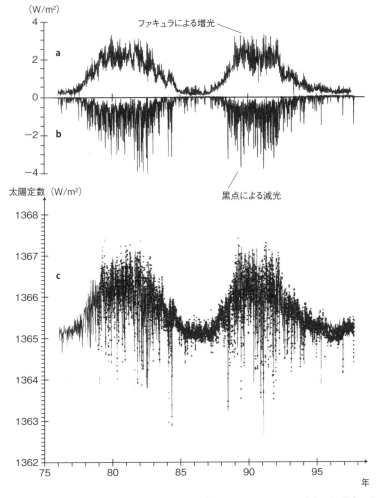

図33　1978年から1995年間の太陽定数値のモデル化。a. ファキュラの寄与；b. 黒点による減光；c. SMMとUARSに搭載された放射計で測定された太陽定数(Lean et al.,1995による)。

減光分を差し引くと、ファキュラによる増光分（図33のa）がわかる。

　1874年以降は、太陽の全面写真を用いて、黒点、ファキュラのそれぞれの寄与分がわかる。1874年以前は、黒点の数だけが利用できるデータである[訳注1]。その結果は図34に示されており、マウンダー・ミニマムには、太陽定数が現在に比べて約4W/m^2（0.3％）低下していたことがわかる。同じ図に、北半球の平均気温の変遷も示されている（南半球は適切なデータがないため復元されていない）。気温変化と黒点観測から得られた太陽定数の変化の間には強い相関が認められる。ところが、1780〜1830年の間はこのような強い相関が認められない。これは太陽活動と関係のない強い火山噴火がこの時期発生し、地球気温に大きな影響を及ぼしたためである。

　この結果は、太陽が地球の気候に及ぼしていることについての論争を巻き起こした。この論争にとって、太陽定数を正確に復元することが重要である。

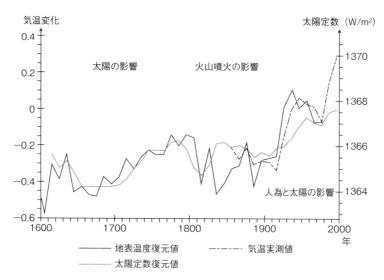

図34　1610年から現代までの太陽定数の復元（灰色の線）。過去の気温の復元には、年輪年代学の手法が用いられている（実線）。その値は、近年の実測値に合うように較正されている（Lean et al., 1995 による）。

[訳注1] 1874年以後の黒点数をもとにして、同じ関係が過去にも成り立っているものとすると、1874年以前も黒点、ファキュラの寄与分、太陽定数を復元できる。

過去の太陽定数を復元するために、別の方法が模索された。その結果、思いつかれた2番目の方法は、太陽直径と太陽定数の間に成り立つ観測的な結果を利用するものであった（90ページ図29参照）。シュワーベ・サイクルの間、太陽直径は0.1秒角変動し、太陽定数は0.1％変動する。太陽定数（S）の変動に対する相対的な太陽直径の変動は、$W =（\Delta D/D）/（\Delta S/S）$で計算できる。$W$の値は0.2でこの比率は、どの太陽モデルをとっても変化しない。この値が、マウンダー・ミニマムにも使えるものとする。一方、ピカールとド・ラ・イールの太陽直径の測定によると、この時期1秒程度の変化であった。したがって、太陽定数は3.5W/m^{2}減少したものと評価できる。この2番目の結果は、黒点数減少から求まる太陽定数の低下と量的にも合う結果である。この2つの方法は、独立な方法であることには留意すべきだと思う。

　3番目の方法はピカールによる太陽自転の測定結果を利用するものであるが、同様な結果となっている。その説明は本書の枠を超えているので割愛する。かくして、太陽定数の復元は十分確度の高いものである。

周期的な変動をもち、
時には活動の休止期間がある恒星は太陽だけであろうか

　光度が変動する星々があることはよく知られている。それらの星で、短い周期をもつもの、そして変動幅が大きいものがよく研究されるということは明白である。変光星の中では、セファイド変光星というものが昔から知られている例である。光度変化が1％にも満たないときや、周期が何年にもなるときには、測定は難しくなる。我々の問題としては、振幅・周期が太陽と同程度であり、数十年にわたって活動静穏期間が続く、そのような恒星が実際あるかどうかということである。

　光量変化が小さい変光星については、その検出に分光学的手法がとられる。図17（63ページ）に可視光の太陽スペクトルが示されている。このスペク

第4章 太陽定数の変動

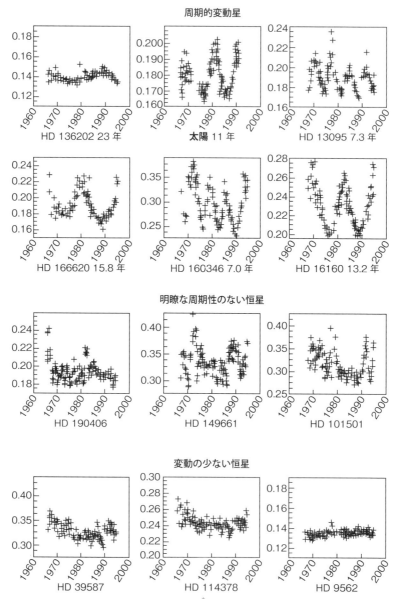

図35 **太陽型恒星の変動。**カルシウムのHK線[*]によって測定されたもの。太陽も表示されている。7〜23年の周期を示すものもあれば、決まった周期性を示さないものもある。その他には、数十年の間変動を示さないものもある。これは、マウンダー・ミニマム状態にある可能性がある（Baliunas et al., 1998による）。

トルは地上から観測されたものである。フラウンホーファー吸収線のいくつかはシュワーベ・サイクルとともに変化する。このような吸収線は太陽変動を検出するのに役立つ。同じ方法が太陽型変光星を研究するときに用いられている。

太陽型星の活動を観測する場合には、電離カルシウムのH線およびK線がよく利用される。アメリカ人天文学者オーリン・ウィルソンが、1966年以降、91個の太陽型恒星のHK連続観測を行った。その結果、彼は変動の周期という観点からは、3つのグループに分かれることを見つけた。太陽の11年周期と同じような周期的活動を示すもの、変動を示さないもの（マウンダー・ミニマムのように長期不活発期間にあるかもしれない）と不規則な変動を示すのもの3グループである。この3タイプは、それぞれ全体の3分の1ずつの数となっている。1610年以降、光学的に観測されてきた太陽の変動は特別なものではなく、同タイプの他の恒星とよく似ているのである。ウィルソンによって始められたこの観測プログラムは、現在も継続されている。

太陽の周期的変動

太陽黒点の周期的変動は多少の不規則性を示しており、多種の周期が重なっているように見受けられる。太陽変動に多種の周期があって、実はその様々な周期が、地球大気内の様々な周期的現象を引き起こしているのではないかと思われている。太陽からやってくる光で、時間的に激しく変化するものは、長い波長および短い波長の光である。短い波長の紫外線は地球大気の高層の変動を引き起こす。温度、風速、化学組成が影響を受けている。本書の目的は太陽 - 地球間の関係を気候学的な観点から明らかにすることであるので、地球大気に影響を与えるような周期的な変動に注目したい。太陽起源の周期が短いものから始めて、地球軌道の幾何学的な変化によって起こる変動までを見ていくことにする。

太陽自転による 27 日周期

27 日の周期変動は、太陽光度そのものの周期変動ではない。これは、太陽の自転により黒点が日面を移動することによるものである。地球では300nm 以下の紫外線とフラウンホーファー線の中心波長で明瞭に検出される。太陽の 27 日の周期は、地球では高度 50km より下の層で大気の気温・密度が上昇する現象として反映されている。この変動は、高度が高いほどその振幅が大きい。

1 年の周期

この周期は、地球が太陽の周りを公転する周期である。夏至・冬至のときには春分・秋分のときに比べて太陽 − 地球間の距離が変化し、地球が受けるエネルギーとしては ± 3% 変化する。このことから、地球の南半球が北半球に比べて冬がより厳しいことが説明できる。

27 カ月周期

太陽ニュートリノ流束が示す周期である。この周期そのものは、地球大気中間圏でも観測されている。両現象間の因果関係は解明されていない。

シュワーベ・サイクル

この周期現象は、1961 年のバブコック説に従って第 3 章で説明した。しかしながら、まだ解明されていない点が多々ある。サイクルの長さが 8 〜13 年で変化すること、振幅が変化すること（70 ページ図 20 参照）、特に振幅の小さい期間があること（ウォルフ、シュペーラー、マウンダー・ミニマム）などがまだ謎である。

太陽定数の長期変化は太陽物理学にとっても地球気候学にとっても関心の高い事柄であり、いわゆる「永年変化」が研究されてきた。実際手にできるデータが少ないので、簡単には結論が出せない。サイクル 21 と 22 を比較する

ことで、太陽定数が 10 年間で 0.034％上昇したことが示唆されている（86 ページ図 28）。大した値ではないように見えるが、この傾向が続くとなるとまた別問題である。数年後の近未来には太陽活動が活発になっていくということを示唆するのである。上記の結果は第 6 章でも利用することにする。

グライスベルグ・サイクル

約 90 年のサイクルが図 20 から読み取れる。しかしながら、黒点観測の 3 世紀間の記録では約 11 年のサイクルが際立っており、正確に長期のサイクル周期を決めることは少し難しい。そのことがあって、炭素 14 などのデータを用いて確認されている。第 3 章（88 ページ）で述べたように、太陽直径の永年変化でも確認されている。

180 〜 200 年周期あるいはスエス・サイクル

炭素 14 の濃度データから 150 〜 200 年周期のサイクルが示唆されている。

ミニマム	開始年	終息年
ウォルフ	1281	1347
シュペーラー	1411	1524
マウンダー	1645	1715

図 36　ウォルフ、シュペーラー、マウンダー・ミニマムの開始年と終息年。

ウォルフ、シュペーラー、マウンダー・ミニマムの年月を見ると、2 世紀の長さ程度の周期性が示唆される。これは図 25（79 ページ）でも表れている。このサイクルは、シュワーベ・サイクルの振れ幅を変調するものである。例えば、1715 年のサイクルと 1958 年のサイクルとを比較するとよくわかる（図 20）。

太陽の長期サイクルと惑星の影響

19 世紀に遡ってシュワーベ・サイクルが発見された少し後で、1 つの仮説が提案された。天体物理学がまだその緒に就いたばかりで、天文学者は天

体力学の専門家が現れるのを待つ状態であったときのことである。黒点の
11 年程度の周期性の源を力学的な観点から研究することがなされた。潮の
干満が月と太陽の位置によって引き起こされていることから、ピエール・シ
モン・ラプラス（1749 - 1827 年）の仕事にならって、19 世紀の科学者は
太陽黒点の周期性を力学的観点から研究したのである。引力が太陽ガス流体
をもち上げる、そして非一様な模様すなわち黒点を作るというのは自然では
ないかと考えたのである。木星の公転周期は 11.8 年であって、ちょうど太
陽活動サイクルと同じ程度である。ウォルフたちは、黒点の数と、木星、金
星、火星、地球の位置との相関を調べてみた。結果は、はっきりしなかった。
この考えは、20 世紀の初頭にも復活して、土星を含めてみたり、惑星の離
心率を考慮に入れたりして検討された。木星と土星が一番効果をもちそうで
あることはわかったが、具体的な機構は明らかにはされなかった。ごく最近
でも金星と水星を考慮に入れて計算すると、黒点の出現の位置がこれらの惑
星の位置と関係しているということが示唆されたが、その具体的な物理的な
機構は明らかとならなかった。このような仮説は、厳密に検討されることは
なかった。実際、太陽ガスが木星や大きな惑星で動かされるのは、数 cm で
ある。したがって、これら惑星が太陽黒点の浮上に影響をもつことは考えら
れない。いまでは、黒点は 20 万 km の深い層で作られるということがわかっ
ているので、そう判断できるのである。惑星の影響はあるとしても、黒点
浮上の本当の原因である磁場の効果を少し助けることがあるかもしれない
という程度であろう。

　この惑星による影響は、200 年程度の周期性を説明する際に利用されて
きた。計算機能力の向上によって、西暦 800 年以降の惑星の動きが計算で
きるようになってきた。太陽系の重心に対する太陽の運動は極めて複雑であ
る。惑星が公転により時々刻々と位置を変えるからである。時間とともに、
太陽系重心と太陽の重心との距離、太陽の移動速度が変わっていくのである。
太陽は加速されたり減速されたりして、15 年から 23 年の周期で周期軌道
運動をする。太陽重心そのものは太陽系重心の周りを 179.6 年で一周する

ことが計算で再現されている。

　太陽系重心周りの太陽の軌道には、対称軸というものが考えられ、その軸の慣性形に対する傾きということを考える。この傾きは時間とともに変化する。その変化はある期間はほとんど一定であるものの、また別の期間には速く変化するという性質をもつということが示されている。軌道軸の傾きと運動の加減速の値という 2 つのパラメーターの変化の様子が計算機で求められた。これらの変化を、西暦 800 年以降の炭素 14 データから得られる太陽活動の変遷との比較から、14、15、17 世紀のおそらくはウォルフ、シュペーラー、マウンダー・ミニマムに対応する期間で太陽軌道が強く加速されていたという相関関係が見つかっている。一方、12、18、20 世紀の太陽活動が活発なときに、太陽軌道運動は定常的であったという相関も見つかっている。

　この結果をどのように考えたらよいのであろうか。太陽軌道の周期性が、炭素 14 データやオーロラデータの変動の周期性と一致するということを正しく解釈することは難しい。太陽の運動の加減速に惑星が影響することは否定できないにしても、それが黒点の発生を引き起こす具体的なメカニズムは考え付くことができない。特に、太陽活動の振幅、長期にわたる活動の停止などのメカニズムは明らかではない。

　惑星の影響説は、なぜ太陽軌道の加減速がシュワーベ・サイクルの振幅制御に効くのかという具体的な機構が説明できていないという大きな欠点がある。したがって、太陽活動の長期変動の起源は、太陽そのものに求めるのが順当であろうと思われる。

　最近、太陽活動がマウンダー・ミニマムのように活動を長期停止する別の説が提案された。太陽の一般磁場は、間接的な方法で求められているので、実はよくわかっていないということである。この説は、一般磁場を双極子成分に加えて、4 重極子成分があると仮定することである。4 重極子磁場は、2 つの双極子が南北半球にそれぞれあって互いに逆向きに置かれたときに作られるものを考えている。黒点はバブコックの考えで作られるとすると、4 重極子磁場から作られる黒点は両半球で先行後行同じ極性をもつことにな

第4章 太陽定数の変動

る。この4重極子成分が本来の2双極子成分と同じ程度の大きさの強度を
もつときには、どちらか一方の半球で互いに打ち消し合いが起こり、残りの
半球でのみ黒点ができるということになり、ちょうどマウンダー・ミニマム
に観測されるのと同じような緯度分布になる[訳注2]。

　残念ながら、17世紀後半の異常に低い太陽活動の起源はいまだ謎のまま
である。

2300年周期

　この周期は、炭素14データと地球の気候データから見つかっているもの
である。その起源は未解明である。太陽起源と考える人もいれば、海洋－大
気系の固有の振動現象と考える人もいる。後者は、海洋－大気系で、炭素
12と14は二酸化炭素に含まれているが、周期的に炭素14が大気中に放出
されるという考えである。このサイクルはハルシュタット・サイクルと呼ば
れており、次の章で議論される。次の表は、太陽周期の種類をまとめたもの
である。

サイクル	周期（年）
シュワーベ	11
グライスベルグ	90
スエス	200
ハルシュタット	2300

図37　太陽周期の主なものとその周期。

数万年の周期

　問題を簡単化して大気のない地球を考えて、ある緯度の地点で地面に置か
れた一定の大きさの平面に単位時間降り注ぐエネルギーを考えてみよう。太
陽が供給するエネルギーは、地球軌道の離心率、地球自転軸の傾き、および

[訳注2] ただし、黒点発生数そのものが少なくなるということは説明できない。

その軸の歳差運動に依存する（軌道要素については第5章で説明される）。
先ほどの平面が受けるエネルギーは、緯度、時間、太陽定数、地球軌道運動
パラメーターによって決まる量となる。太陽から放射されるエネルギーが一
定であっても、地上では季節、緯度、地球軌道の要素によって受け取るエネ
ルギーは異なってくる。この地球軌道の要素は周期的に変動する。この周期
現象は、セルビアの天文学者ミリューチン・ミランコビッチ（1879 - 1958年）
によって1930年に研究されたので、ミランコビッチ・サイクルと呼ばれて
いる。この地球軌道の周期性は、太陽と月が潮の干満を作るのと同じように、
他の惑星が地球軌道に重力的な摂動を与えることに起因している。彼のま
とめによると、40万年と10万年の周期が離心率変化にあり、4万1000年
の周期で傾斜角が変化し、1万9000年〜2万3000年の周期で歳差運動が
変化する。この結果は、18世紀から連綿と続けられてきた研究のお蔭であ
る。1765年にはドルツー・ド・メイランがすでに地球軌道要素の変動の重
要性を考えていたし、他にも1782年にはルイ・ド・ラグランジュ（1736 -
1813年）が、さらには1801年にはラプラスが計算を進めていた。19世紀
に入っても、ジョン・ハーシェル（1792 - 1871年）、ヨセフ・アデマール
とユルバン・ルベリエ（1811 - 1877年）らによって研究は継続され、1875
年にジェームス・クロールによって集大成が行われた。これらの成果は最終
的にミランコビッチによって、基本となる3つの周期によって大氷河期や大
気温暖化が説明されるという結果に至ったのである。この計算は、現在さら
に精度よく、またより長い時間範囲まで拡張されている。第5章でより詳しく、
地球への照射の変動を気候学的観点から議論することにする。

長期の進化

　太陽は、その惑星とともに銀河系の中心の周りを秒速20kmで回っている。
現在はヘラクレス座の方角に向かって運動している。我々の銀河系には、水
素原子、水素分子や星間塵でできた巨大な雲のような塊がある。銀河中心か

第 4 章 太陽定数の変動

ら太陽までの距離と回転速度を考えると、約 3 億年の周期で 15 ～ 18 回程度、銀河中心の周りを回ってきたことになる。また、銀河面を上下に横切る形で 3000 万年の周期で振動していることが知られている。このような長さの変動が地球の気候現象で見つけられているが、その起源が上記の天文学的なものか、あるいは地球そのものにあるのかは現在も議論の的である。

　銀河内の雲塊を横切ると何らかの現象が現れるのであろうか。星間塵は光をさえぎって太陽定数を低下させる効果もあろうし、また逆に太陽に降着して太陽光度を上昇させるかもしれない。ある計算によると、星間塵の密度によって事態は大きく変わる。10^2 ～ 10^3 個 /cm^3 の密度のときは、太陽風プラズマは地球近傍には届かなくなり地球磁気圏の形を変えてしまう。これは、中緯度帯大気中の水蒸気量を増加させ、オゾン量を低下させる。この低下が、温度低下を招き 80 ～ 90km の高度で氷結晶の雲を形成する。これは、極地で夜光雲として観測されているものである。このような雲ができると、その中の氷の結晶が太陽光を反射するために地球が太陽から受けるエネルギーを低下させる働きをもつ。

超長期進化と太陽光度の永年変化

　恒星の進化モデルによると、太陽が形成されてから 45.5 億年後には、その光度が上昇することが予想されている。この上昇は、水素がヘリウムに変換される結果であって、平均原子量および密度が増大していく。太陽中心部の温度は上昇して核融合反応がますます活発になり、より大きなエネルギーを作り出すのである。この進化モデルが、現在観測される太陽の性質とすべての点で一致しているわけではない。特に、観測されるニュートリノの量が理論予想値よりも小さいという相違点がある。しかしながら、この問題は、光度の上昇とは直接は関係がないと考えられている。また、太陽は 45.5 億年前には、現在より 30% も不活発であったという議論もある。この問題は、「若年期の太陽問題」と呼ばれるもので、太陽系が形成される少し前に、今

より光度が低かったと考えられている議論である。この問題は、地球の温度、液体状態の水の存在可能性、ひいては生命の発生に関わる大きな問題を投げかけているのである。

＊＊＊

地球が太陽から受け取るエネルギーは周期的に変動する。太陽固有の原因のものもあるし、地球軌道の変動によるものもある。太陽活動の周期性も未だ完全には理解されていない。1610年以降の過去の太陽活動の復元結果を見るとマウンダー・ミニマムの間は、太陽定数が低下していた。ちょうどその期間、地球は寒冷期であった。このことは、地球の気候が太陽起源の要因で変わっていたことを示唆している。一般的に述べるならば、太陽定数の周期的な変動を調べることで、地球気候が受けてきた変動を研究することができるのである。

第 5 章

地球の気候

第5章 地球の気候

太陽は地球が受けるエネルギーの一番重要な源である。そのエネルギーは海、地面そして大気に分配される。太陽から降り注ぐエネルギーの一部は直接宇宙空間に反射されるし、地面は赤外線を放射する。大気中のある種のガスはこの赤外線を吸収して、その一部を再度地球に向けて放射される。これらのエネルギーのやり取りのバランスで、地表の平均温度および大気底部の平均気温が決まることになる。このバランスを変調する要素が、気候の変動を引き起こすのである。

したがって、地球の気候を理解するには複数の事柄を研究する必要がある。太陽そのものの特徴、地球軌道パラメーター、海洋、プレートテクトニクス*、造山運動*、火山活動、生物圏、大気圏、特にその化学組成が関係する。これらの研究により地球の気候をよりよく理解できるようになるのである。特に、周期的な気候変動、その変動の時定数や、物理的、科学的あるいは生物学的な多数のフィードバック作用の特徴が理解できるようになるのである。

気候の概念

テレビやラジオでは天気予報を放送しているが、これは明日あるいは数日先のことである。日常、我々はこのような予報と実際の天気との違いをよく話題にとりあげてきたものである。気候の概念は、もっと大局的なものであって暑い夏とか厳しい冬に関係するものである。例えば、多かれ少なかれランダムに変化する季節の傾向や変動を考えてみよう。何回か暑い夏が続いたからといって気候が変動したとは考えられない。十数年そのようなことが続いてもまた元通りになることもある。このようなことから、気候学では気候というものは、気温や雲量という大気パラメーターの平均値についての長期・広域の変動と定義している。30年以上の長さのものを考えている。この平均操作により、地域的な特徴を捨て、短期の変動を無視して、長期の有意な変動のみを取り扱うことが可能になるのである。

過去の気候をいかにして知るか

　歴史時代、そして温度計が発明される以前の気候状態を知るには、ある程度客観的に気象状況が記録された古記録や年代記に頼る他はない。昔の年代記には往々に主観的な要素が入っているものの、それはある地域の昔の気候条件を復元する妨げにはならない。実際、気候の歴史を研究する人は、異なる情報源を比較検討することを行っている。このような古記録の考証から、ヨーロッパでは 1000 年以上前からの気候状況が復元されている。この結果は、木の年輪、花粉、収穫や河川の凍結の日付というデータの科学的分析によって裏付けられている。

　気圧計や温度計は 17 世紀に発明された。気圧計はすぐに進歩して信頼できる装置になったけれども、温度計はそれとは違った形で完成することになった。測定は定期的に行われていたけれども、その単位は任意なものであった。したがって、その記録は現代の温度計との比較で較正してからでないと使えないものであった。残念なことに多くの温度計は壊れてしまっており、その測定結果を利用するのは問題があった。イギリスとオランダで使用されていたもの、およびフランスのアカデミー会員ルイ・モーラン（1635 – 1715 年）が使ったもののみが信頼できるものである。一方、18 世紀になると温度測定は正確になり後世でも利用に耐えるものになった。これは、19 世紀にしっかりとした基準を設けたダニエル・ファーレンハイト、ルネ・レオミュールとアンデルス・セルシウスたちのお陰である。

　19 世紀後半からは、多くの気象観測所で大気底部の温度、気圧、雨量および雲量が定期的に記録されるようになった。ナポレオン 3 世がパリ天文台長のル・ベリエに命じて気象サービスを始めるよう命じて、1854 年から系統的に測定が始まった。このサービスの重要性が認められて、1878 年には天文台から独立して行われるようになった。

　記録のないもっと過去の期間については、別の方法で気候状況が調べられ

第5章 地球の気候

ている。以下に簡単にそれらの方法を説明する。

氷河

　氷河期には、雪が降り積もり氷河となっていく。氷河はこのように高緯度で作られ低緯度地方へ広がっていく。中緯度地帯でも山の頂に降った雪が氷河を作り出す。いずれの場合でも、氷河は移動するとき地面を削って、モーレーンといわれる大量の礫による地形を、その前面あるいは側面に形作る。氷河が後退した後、その動きの足跡が調査されて、最大面積、体積、継続時間が導かれる。近代では、風景絵画や写真が氷河を調べることに役に立つことがある。いずれにせよ、氷河が何回か引き続いて起こると、過去のものの痕跡がわからなくなって、最新のものしか詳しく調べることができない。

サンゴ礁

　氷河期と温暖期とでは、海水面はかなり上下する。1万8000年前に最も寒冷化した最終氷河期の場合には、その後の温暖期になって海面が120mも上昇した。海面下数mの範囲で形成されるサンゴ礁は、その時々の海面の位置情報を記録する。注意すべきは、地質学的に安定した場所を選んで調査しないといけないということである。プレートの動きで地形が変わる場所は望ましくないのである。

年輪気候学

　樹木を切断したときに同心円状の年輪模様が見える。その年輪は幅広いものもあれば、狭いものもある。この年輪は毎年新しいものが1つ増えていく。同じ地域の樹木ならば、すべて同じような年輪模様になるのが一般的である。年輪は気候条件が良いときには幅が大きなものになる。一部期間が重なっている多数のサンプルをつなげていくと、年輪年代パターンと呼ばれるものを作ることができる。これは、約1万年の長さのものまで延長して作られている。これを用いると、ある地域の気候データを復元することができる。年

輪年代法の利点は、樹木の年代が1年の精度で特定できることである。1万年を超える過去の状況を知るためには、別の方法を用いる必要がある。

花粉学

花粉は顕花植物のおしべで作られる微小な粒で、子孫を残すための雄の役割を担うものである。植物の種類によって花粉は独特な形をしているので、顕微鏡で調べるとその種類を間違いなく特定できる。

どの植物も、それが成長しやすい環境がある。特に気温が大きく影響する。高い山に登ると、植生が変わるのがその証拠である。プラタナスのような広葉樹から柏になって松に変わっていく。ある地域の化石になっている花粉を調べると、その植物が生きていて花粉を散らした時代の気温に見当をつけることができる。花粉は地層コア[訳注1]のようなサンプルにも見つけられている。何らかの手段で時代を決めることができれば、その花粉が散ったときの平均気温を求めることができるのである。

大陸極冠

物質とその同位体を比較すると、化学的な性質は同じであるが、物理的な性質は異なっている。これは、同位体の核にはより多くの中性子が含まれているからである。大気中の酸素分子は、ほとんど ^{16}O 原子が2つ結合したものであるが、微量な ^{18}O も混ざっている。これらの ^{16}O と ^{18}O 原子は水素原子と結合して水となり、その気体である水蒸気には微量に同位体が含まれている。水蒸気が凝縮するときには質量の大きい同位体が選択的により早く凝縮する。極寒の地では、雪が毎年十数m積もる。これが毎年積み重なって、圧縮され厚い氷河となってゆく。例えば南極大陸の内部で採取された氷の標本は、異なる気温で結氷したサンプルとなる。$^{18}O/^{16}O$ の比は気温と正比例の関係にあることが示されている。この比は氷が作られたときの気温を示す

[訳注1] 地質調査のために、直径数cmの円筒状のカッターにより円柱状の地質試料を採取することを行う。ボーリング調査と呼ばれる。この円柱状の地質資料を地層コアと呼ぶ。

第5章 地球の気候

重要な温度計の役割を果たすことになる。南極やグリーンランドで氷床を深くまで掘り進んで氷床コア[訳注2]を取り出したときに、それぞれの深さでの氷が形成されたときの温度を求めることができる。氷の年代を何らかの方法で定めると、時間とともに気温がどのように変化したかを復元できることになる。このように求められた温度を地質学的温度と呼ぶ。

大陸でできる氷河は雪が堆積してできるが、そのとき小さな気泡を閉じ込

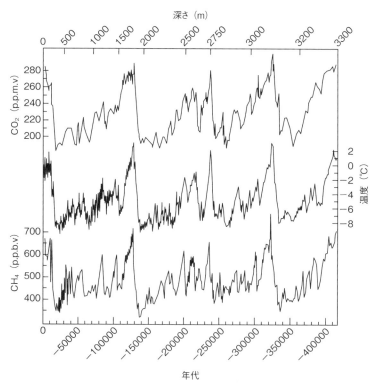

図38　ボストーク南極基地の氷床コア。この図は、過去40万年の、気温、メタン（CH_4）と二酸化炭素（CO_2）濃度の変動を示している。10万年の周期が容易に読み取れる。また、1万8000年前の最終氷河期の極値に至るまでの間、寒冷化の勢いは何回も弱まっていることが示されている。寒冷化は比較的にゆっくりと進行するが、それが終わって温暖化するときは急激である。気温が非常に低いときには、塵の成分が増加していることがサンプル資料で示されている（Petit et al., 1999 による）。

[訳注2] 氷床から掘削して取り出した円柱状の氷の試料。毎年降り積もった雪が圧縮されて各年1枚の層状の氷になっており、その層の数を数えることで積雪の年代がわかる。

める。十数年かけて雪は氷に変わっていく。気泡はそのまま閉じ込められて外部から遮断された形となり、降雪時の空気の良いサンプルとなる。このサンプルを次段落で述べるような同位体分析すると、その化学成分や温度を導き出すことができる。この閉じ込められた空気は氷 10g 中に 1cm^3 もあるので十分分析できる量である。その分析から、二酸化炭素、メタンや塵などの組成を知ることができる。氷床コアからは、その氷が形成された当時のガスの成分を微量なものまで知ることができるし、温度も知ることができるのである。南極やグリーンランドでは深部まで掘り下げて採取された氷床コアサンプルが実際存在する。ボストーク氷床コアは、その分析から過去 40 万年の温度がわかったことで特筆すべきものである。

堆積学

海底の研究では、海底をくり抜いたコア中の堆積物サンプルを使用する。この堆積物は、1000 年の間に数 mm のペースで厚くなっていく。その成分は大陸から流れ込んだもの、海底火山の溶岩が固化したものの残滓、動植物の死骸などである。海水温によって水中で繁殖する種が決まるので、その死骸がたくさんあるということは、その生存に適した気候条件であったという証拠となる。ある海底で見つかる生物種を調べると、別の方法でそのコアの堆積した年代が決められていれば、堆積した年代の気候状況を求めることができる。

生物が生息していた時代の温度情報が得られることの他に、貝殻の石灰分の酸素同位体分析を行うと極地の氷河の量を知ることもできる。その原理は次のようである。有孔虫というプランクトンの一種がある。このプランクトンは、水中のカルシウムイオンと炭酸イオンを合成してできる炭酸カルシウムを沈着させて殻を作る。この合成反応速度は酸素原子の質量に依存するが、低温では重い酸素 18 が優先的に沈着する。したがって、低温状態で作られた殻の $^{18}O/^{16}O$ 比率は大きくなる。一方、この比率は有孔虫が生息している部分の水の $^{18}O/^{16}O$ 比にも依存する。この 2 つの効果のどちらがよく効くか

第 5 章 地球の気候

を区別するために、海水面近くに生息する有孔虫と低温の深海に生息する有孔虫のサンプルについて、同位体比の比較が行われた。両者ほぼ同じ値であったので、結局、有孔虫が生息している部分の水の同位体比がそのまま殻の同位体比であることがわかった。ここで大気循環による海水中の同位体比の変動を考えよう。熱帯で水が蒸発して水蒸気となるとき、質量の重い同位体は蒸発しにくく、水蒸気中には重い同位体は少ない。この水蒸気が雲となって、中緯度や高緯度に運ばれると雨や雪となる。このとき、重い同位体が優先的に凝縮して雨滴となって落ちることになり、最終的には海に帰っていく。極地まで達した水蒸気は雪、氷となるが、そのときには重い同位体は少なくなっている。これにより、重い同位体は海に残されやすく、軽い同位体は極の氷河に集められるという形になる。結果として、氷河が大きくなったときには海水の同位体比は大きくなり、逆に、氷河が小さいときには、海水の同位体比は小さくなるという変動を示すわけである。

　堆積学は湖や河川の底についても適用できて、海底のサンプルに比べてより局所的な、そしてより短い期間についての情報をもたらしてくれる。

　いずれの場合でも、堆積物サンプルは年代を決める必要がある。炭素 14 を用いる放射性同位年代決定法は、3 万 5000 年程度の範囲で使用できる。トリウム 230 を用いると、約 30 万年までの年代を決めることができる。それより古い年代決定には、地球磁場の逆転現象が利用される。その起源ははっきりと解明されてはいないけれども、地球磁場は地球流体核での対流運動によって生み出されている。地球磁場は永年変化をしており、そのことは火山溶岩の測定からわかっている。溶岩が冷え固まるときに、そのときの地球磁場の向き、強度を記録する。噴火そのものの年代はカリウム 40 を用いて、12 億 5000 万年までの範囲で決めることができ、地質史の年代と対応させることができる。このようにして、地球磁場が時間とともにどのように変化したかがわかる。地球の年齢と核での対流の速度を勘案すると、磁気南北極の逆転は何度も起こっていることが示されている。磁気反転の期間がこのような手法で決定されているのである。

海底の中央海嶺で新たに生まれたマントル物質は冷却時にそのときの地球磁場を記録する。その磁気記録を調べると、海嶺に平行な帯状に分布しており、強度が弱いところが磁気反転の起きたときに対応している。トリウム230で測定不能になる30万年よりも古い時代の堆積物の年代（例えば有孔虫の炭酸塩）は、それを載せている海底の年代から決めることができるのである。

堆積学的手法では2億年以上の古い時代までは遡れない。海洋プレートは堆積物を載せて移動し、やがてはプレートの沈み込み帯に達して大陸プレートの下に潜り込んでしまう。2億年以上古い時代の気候は、また別の手法が使われている。

地球の気候は変動したのであろうか

気候を調べる様々な手法とそれらが導き出す結果に統一性がとれていたというお蔭で、古気象学は上記のような疑問に対して明快にイエスと答えることができた。本書では地球が経験してきた気候変動をすべて書き表すことはしない。それを解説する書籍は他に多数ある。ここでは気候のメカニズムを明らかにするために、高温期から2例（白亜紀と中世高温期）、低温期からも2例（最終氷河期と17世紀の小氷河期）を取り上げることにする。それぞれ、有史以前のときと有史以来の時期の例である。

30億年前からの気候変動の様子は図39に示されている。5億7000万年前の先カンブリア時代は2回の寒冷期と1回の高温期で特徴づけられる。古生代（5億7000万年〜2億2500万年前）は、現在の気候とよく似たものであった。例外は、オルドビス紀に起こった氷河期と、ペルム紀の氷河期である。後者は、その原因は未解明ではあるものの生物種の大量絶滅が起こったことでも知られている。中生代（2億2500万年〜6500万年前）は高温期であり、特に白亜紀（1億3500万年〜6500万年前）は例外的な高温期であった。白亜紀の終わりから平均気温は低下を始めて、特に漸新世の終わりから更新世の終わりまでの期間で顕著に低温化した。1万年前以降は平均

第 5 章 地球の気候

的には気温は上昇傾向であったが、時折、寒冷期が現れた。この寒冷期については後程詳しく見ることにしよう。この急激な変化を示す図から、2 つの特徴的な期間を読み取れる。1 つは高温期で、他の 1 つはその間に何回か氷河期が現れる期間である。

白亜紀の高温期

この時代の大陸の配置は現在の配置と似通ったものであった。異なるところは、南北両アメリカ大陸がまだつながっていなくて、太平洋と大西洋の間で海水が行き来できたことである。一方で南アメリカ大陸は南極大陸とまだつながっていて、現在見られるような西から東に流れる南極環流ができるのを妨げていた。アフリカ大陸は現在よりもっと南にあって、地中海とインド洋との間で海水は自由に流れることができた。このような大陸の配置は、赤道地帯と極地帯との間での熱輸送を効率的にしたであろうし、高温な気候状態を作るのに役立ったに違いない。

地質学的サンプルの解析から、この時期は冬季でも、低緯度で平均気温 25℃から 30℃に達しており、高緯度でも 10℃もあった。この気温値が意味するのは、極地には氷が皆無であり、その融けた分によって海面が現在より 80m も上昇していたということである。氷河がないこの時期は、多種の植物・動物が繁茂・繁栄した。この高温期の起源については、まだ定説がない。火山噴火で濃くなった二酸化炭素の温室効果が働いたことと、低緯度から高緯度への熱の輸送が海流によって効率的に行われたことが効いて、白亜紀に氷河がなかったことにつながったと思われる。氷河がないことは、海面上昇をもたらし海面を広げるので、海水は太陽光をより多く吸収することができる。この効果も効いて、白亜紀を高温にしたのであろう。

漸新世から更新世への期間の寒冷化

漸新世の終わりから始まる気温の低下は極冠を作り出した。まず初めに南極大陸、それからここ 1 万年の間にグリーンランドで作られた。南極での

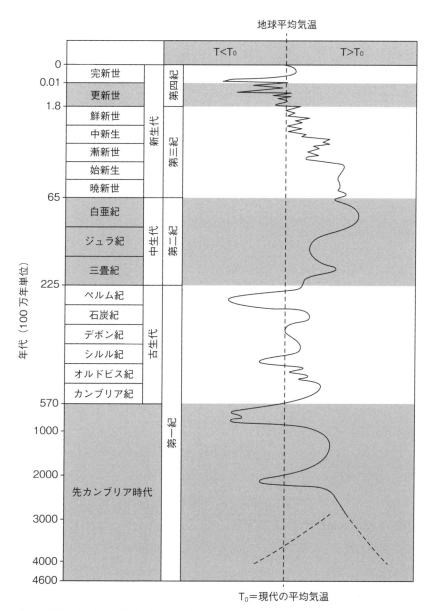

図39 地質年代にわたる地球平均気温の変遷。中生代の高温状態、暁新世から更新世への低温化傾向と完新世の温暖化がわかる（Jousseaume, 1993 による）。

第5章 地球の気候

氷床の堆積は周期的に変化していた。この周期は、4万1000年と40万年のミランコビッチ理論で予想されていたものと一致する（第4章参照）。2万3000年周期が見られないのは、極近くの高緯度での日射量は地球の自転軸の傾きと公転軌道の離心率に依存するものの、歳差運動には依存しないということによる。それに対して北極圏の極冠は300万年以前から存在するが、上記の周期の他に2万3000年の歳差運動による周期も見いだされている。これは、北極圏氷床の自転軸極からの距離が、南極に比べて大きいことが理由である。どの氷河期でも一時的な停滞はあるものの、極冠は広がっていく。近々の100万年の期間では、氷期－間氷期の約10万年の周期で繰り返しており、温和な間氷期の後に来る氷期がどんどん厳しくなってきている。最終氷河期では、海水面が120mも低くなり、フランスからイギリスまで歩いて行けるほどであった。氷床は全北アメリカ、北ヨーロッパ、シベリアを覆い、ロンドンに達する勢いであった。その厚みは所によっては3500mにもなっていた。海退は大陸地表面の地理的な形を変えてしまうほどであった。イギリス－ノルマンディー間や東南アジアのスンダ諸島など、現在は孤立した島となっているところが大陸とつながっていたのである。河川は今よりもっと長い距離を流れて海に注いでいたのである。英仏海峡は干上がっており、海は今よりずっと西にあった。セーヌ川は、現在では直接英仏海峡に流れ込んでいるオルヌ川やランス川の水を合流した後、フランス西部ブレストの300km西の地点で海に注いでいた。ライン川とその支流マース川は、英仏海峡の中を流れて別のタミーズ川という川になり、コトンタン半島の北でセーヌ川に合流していた。フランスの緯度では、現在に比べて平均気温が10℃も低かったのである。しかし、熱帯や赤道地方では2～6℃程度の低温化ですんだので、動物はより生息しやすい地域に移動して生き延びることができたのである。

　1つの氷河期は8万年もの長い期間続く。その間、氷河はゆっくり形成される。実際、冷気には水蒸気含有量が少なく、極地方に運ばれて雪となって降る量も少なくなる。一方、意外なことに、氷河が溶けるときには数千年し

かかからない。10万年程度の周期をもつ公転軌道離心率の変化（ミランコビッチ効果）は、これだけでは急激な融解を説明できない。氷河融解期に地球が受ける太陽光の変化はあまり大きくはないからである。何かしらの正のフィードバック機構が働いたのである。氷河が堆積するとそれを載せている大陸が沈下する。間氷期になると大陸はゆっくりとまた浮上する。このため、最終氷河期以来、スカンディナ地方は1世紀当たり1mのペースで上昇しており、バルト海の海面が低下している。

　気候変化は有史以来の期間でも認識されてきた。もちろんその振幅は先ほどまで述べたものほどではない。有史以前の人類は最終氷河期に苦難の生活を送ったのである。ということは、有史以来でも大きな気候変化がありうるのである。

中世高温期

　フランク王国のメロヴィング朝とカロリング朝の時代は、とても寒冷な気候であったようである。1000年後、気候状況は徐々に良くなった。農産物の収穫は豊かになり、ブドウ園はロアール川の北、イギリスの南まで広がっていった。時には厳しい冬があったが、全体として気候は快適なものであった。この見方は、未開地の人口が増えていったこと、商業や貿易が盛んになったことから、頷けることである。ところが、西暦1320年以降厳しい気候となってしまった。ちょうど100年戦争の期間がこのときにあたる。この気候の激変は、中世高温期にグリーンランドに開拓されたバイキングの植民地に大打撃を与えたのである。

ルイ14世治世下の気候の変化

　14世紀の寒冷気候は16世紀の第1四半期まで続いた。もちろん1400年頃のように短期間だけ良くなったことはあった。ルネッサンス時代の頃には快適な気候が復活した。16世紀が温暖な気候であったことは色々な証拠がある。涼しさを求めて、川岸に城郭を作ったほどである。16世紀末以降、

第5章 地球の気候

ヨーロッパの気候は徐々に寒冷化に向かっていった。この気候変化は、収穫の日時、河川の凍結日の記録やフランドル派の絵画などから明らかであった。

このような気候変化は、王立科学アカデミーの会員の関心を引いた。1694年のカッシーニの手紙には、「長い年月の間、季節の移り変わりが変調していることや、地震が頻発していることから見て、地球に何か異変が起こっていることを示している」と書かれている。異変の天文学的な原因を推測したアカデミー会員もいた。極の高度が変わったのではないかという考えをカッシーニが提案したが、これは誤りであることがわかった。温度測定は定期的にパリとイギリス王立天文台でなされていた。当時一般的であったことだが、温度計の較正が正確ではなくて、温度は記録されて保存されていたけれども利用し難いものであった。ところが、アカデミー会員ルイ・モーランの測定記録だけは較正ができて、1671～1712年の間、気候状況は厳しいものであったと確認できた。1683、1690、1692、1709年の冬は、20世紀で一番厳しかった1963年の冬よりもことさら厳しかったのである。

色々な証拠や様々な方法で再現した温度変化を見ると、ヨーロッパはこのとき、寒冷期であったと判断できる。色々な指標をみると、寒冷であったということは全地球規模であったと考えられている。そこで、この寒冷期は「17世紀の小氷河期」と呼ばれており、16世紀末以前に始まったものと同じように取り扱われている。

温暖期、寒冷期というのは、現在の気温に比べて全地球規模の平均気温が5～10℃ずれている状態を意味する。この温度変化は相当なものである。17世紀の小氷河期と言っても、温度変化はせいぜい0.5℃である。無視できるほどではある。しかしながら、現在地球は切羽詰まった状況にあるという近年の記事を読むと、その影響はゼロではない。

フィードバック効果と非線形効果

自然の法則は、「緩和原理」に従うものが多い。1744年にピエール゠ルイ・

ド・モーペルチュイが公表した最小作用の原理もその例である。化学の分野
では、ルシャトリエの法則がその例である。圧力をあげたとき、化学的平衡
状態は化学反応で生成される分子の数を減らすような平衡状態に移る。圧力
の増加を相殺する方向に平衡状態が変わるのである。加えられた擾乱を打ち
消す方向に、系が反応することを意味する。物理学でもレンツの法則が同じ
ような意味で解釈されている。初期の擾乱に対して相殺する向きに起こる作
用を、負のフィードバック作用と呼ばれる。一方、正のフィードバック作用
というのもあり、化学反応の場合、化学反応が爆発的に起こることになり、
系を不安定にする作用である。

　物理学、化学、力学の多数の法則で制御される系があって、それが複雑で
あればあるほど正のフィードバック作用が働く可能性が高くなる。この場合、
系は非線形的に発展するので、入力擾乱とその影響は比例関係ではなくなる。
地球気候システムの場合には、このような非線形効果[訳注3]が色々な形で表
れているのである。

地球気候に関わる諸要素

太陽

　太陽定数の値は、1368W/m^{2}である。太陽は地球にとって最も重要なエ
ネルギー源である。地球熱量や自然放射能熱量は、太陽定数の1万分の1
以下しか寄与しない。大気圏外で春分・秋分時に、赤道上で太陽光線に垂直
に置かれた1m^{2}の板が受けるエネルギーが1368Wということである。こ
のとき、極地面に平行に置かれた板は太陽光を受けない。赤道と極地とを均
して、球の面積が円の面積の4倍であることを考慮すると、地球全体の平

[訳注3] ある現象を考えたとき、原因となるものの大きさ（x）と結果の大きさ（y）が$y = ax + b$の
ようになるとき、その現象は線形現象であるという。ところが、現象によっては、$y = ax^2 + b$に
なったり、$y = a^x + b$になったりする。これらの場合は、非線形効果を持つ現象と呼ぶ。非線形
現象もxが小さいときは、線形近似で取り扱うことが可能である。

均としては、太陽定数の 4 分の 1 である 342 W/m^2 になる。この値は 1 天文単位*の距離での年平均値でもある。

太陽定数の変動に対して地球気温がどの程度敏感に反応するかは、図 34（102 ページ）の過去の太陽定数変動と気温変動とを見てみよう。太陽定数が 4 W/m^2 変化すると気温は 0.4℃変化する。一方、シュテファンの法則を使うと、0.4℃の変化を起こすためには、太陽定数が 0.5％、すなわち 6.8 W/m^2 変化することが必要となる。この値は、先ほどの値よりは大きな値である。この計算は簡単で粗いものであるが、一方では、地球気候システムの入力エネルギーに対する感度を示すとともに、他方では、太陽照射の変化に対してそれを増幅するプロセスが地球気候システムにあることを示している。地球気候システム内のプロセスを完全に取り込んだ計算を行うと、もっと小さな変動で大きな気温変化を生み出すことが後程わかるであろう。

地球から宇宙空間に向けては 342 W/m^2 の一部が跳ね返される。これは、海面、大陸面、雲や空気中に浮遊している塵による反射と大気中の分子による拡散による。入射したエネルギーが、地面と大気にどのように分配されるかで地球の放射バランスが決まる。この分配の状況は、ERBS（Earth Radiation Budget Satellite）という人工衛星で正確に測定されてきた。その結果、以下のように理解されている。

100 W/m^2 は、宇宙空間に返される。残り 240 W/m^2 のうち 80 W/m^2 は成層圏のオゾン、対流圏中の水蒸気、二酸化炭素に吸収され、最後の残り 160 W/m^2 は大陸や海洋の表面で吸収される。大気のない仮定を置いた場合、ステファンの法則を用いて熱バランスを考えると、240 W/m^2 の入力に見合うのは、地球の温度が− 18℃のときとなる。この場合は、地球全体が氷河で覆われてしまうであろう。一般的にどのような物体も、その温度で決まるスペクトル分布で熱放射しており、低温では 10 μm より長波長の赤外線領域で最大強度となる。この波長範囲では、太陽から受けるエネルギーは小さい。地球の温度は、先ほど計算で求まった値よりはずっと高い。ということは、先ほどの計算では何かを無視していたことになる。それは、大気中の

入射太陽エネルギー（1）	340
太陽エネルギー反射（2）	100
オゾン水蒸気によるエネルギー（3）	80
地表に供給されるエネルギー（4）＝（1）−（2）−（3）	160

15℃維持用（5）	390
加熱と蒸発用（6）	100
温室効果（5）＋（6）−（4）	330

図40 地球の熱収支（Wm^{-2}単位）。

ガス成分が赤外線を吸収し、そしてそれを再放射することである。

平均気温15℃となるためには、ステファンの法則によると390 W/m^{2}の入力が必要である。地面が受けた熱の一部は、水の蒸発（80 W/m^2）と低層空気の加熱（20 W/m^2）に使われる。地球を15℃にしてさらに蒸発・加熱に必要なエネルギーを求めると、390 ＋ 20 ＋ 80 で490 W/m^{2}となる。このうち160 W/m^{2}が太陽から直接供給される。この差330 W/m^{2}が結局大気から供給されるものになり、温室効果と呼ばれるものである。

温室効果

温室というところは、壁面がガラスやプラスチックでできていて可視光線に対して透明であるけれども、赤外線に対しては不透明なものである。可視光線は温室内に差し込んで内部の物体を温める。内部の温度は高くなり、ステファンの法則、ウィーンの法則に従って、赤外線を放射して冷えようとする。ところが、この赤外線は温室内に閉じ込められて外界へ出ていけない。この結果、温室内部の温度は上昇し、外界よりは高くなる。

大気中のある種のガスは温室と同じ働きをする。太陽から来る可視光線をほとんど吸収することなく通過させ、そのうち一部は大地に吸収される。この吸収されたエネルギーは、表面の土壌質や植生に応じて地面を温める。その温度に応じて地面は赤外線を放射して冷却しようとするが、この赤外線を大気中のガスが吸収して外界に逃さないようにすることになり温室効果を発

揮することになる。

大気の温室効果は地球表面に 330 W/m^2 の量を戻す効果がある。これが大きな効果をもつこと、そして 33℃もの温度上昇をもたらして、地球を生存可能にしているかがわかる。放射のバランスシートは、様々なパラメーター（反射能、温室効果ガスの量、太陽定数）が重要であること、さらには、わずか 4 W/m^2 の変動が 17 世紀に起こった気候変動を引き起こしたのであろうことを示している。

温室効果ガスの源

温室効果ガスには、水蒸気のような自然原因であるもの、二酸化炭素やメタンのようにもともと自然界起源のものと人工起源のものとが混在しているものと、塩素、フッ素、炭素、水素と臭素で合成されたハロカーボン化合物ガスのように完全に人工のものがある。

水というものは自然に存在するものであるが、その働きは非常に複雑である。水蒸気は温室効果に寄与する一方、低緯度から高緯度へエネルギーを伝達することにも働くし、雲を作って反射能（アルベド[*]）を上げて冷却することにも効果がある。大気中水蒸気が吸収する太陽光は、図 27（84 ページ）で大気圏外での太陽スペクトルと地上での太陽スペクトルを比較すると求めることができる。水蒸気は、温室効果の 60 ～ 70％程度を寄与している。

二酸化炭素は、植物の遺骸物の酸化でできるし、石炭、石油と天然ガスという炭化石の燃焼からもできる。逆に二酸化炭素は、植物に取り込まれて分解され光合成によって植物体を作るのに使われる。二酸化炭素のかなりの部分は海に溶け込む。大気中と海水中の二酸化炭素の量のバランスは、温度によって決まっている。実際上、このバランスが実現するには、深海と表層との間で起こる海水の循環の速さに依存するので、1000 年単位の時間がかかる。ガスが液体に溶け込む能力は温度が上がると低下するので、寒冷期には大気中の二酸化炭素ガスは少なくなる。このことがあって、氷河期にはゆっくりとではあるが二酸化炭素濃度が 180ppm まで低下するのである（図 38

参照）。この点については、後程（165 ページ）見るようにいくつか例外もある。二酸化ガス濃度の変化は、海水が対流圏の温度変化に単純に反応した結果生じただけではなく、ミランコビッチ効果で日射が変化したことに対してフィードバック作用を引き起こし、増幅することもあることに留意してほしい。この点も後程（134 ページ）詳しく議論する。二酸化炭素ガス濃度は、工業化が始まる前の間氷期には 280ppm であったが、現在は 358ppm にもなって大気中の 0.0358％を占めるようになってきている。

メタンは、嫌気環境で有機物の分解作用で作られる（嫌気性発酵[*]）。メタンの源は、水に覆われた地帯（沼地、水田等々）、牧場、天然ガス・原油・石炭の採掘場である。このメタンガス濃度は二酸化炭素ガス濃度に追随しており、19 世紀初頭以降、増加している。

窒素酸化物は、農業や、燃焼、工業活動（酸性物質や肥料の製造）に関係して生み出される。その大気中の濃度は、増加の一途をたどっている。

オゾンについては、成層圏オゾンと対流圏オゾンを区別する必要がある。成層圏オゾンは、高度 25km の所で濃度が最大になっていて、照射太陽光の 300nm より短い波長の光をすべて吸収している。このため地上で見た太陽光には、これより短い波長の光は含まれていないのである（図 27 参照）。成層圏オゾンはすべての生物に致命的な紫外線を防御しているのである。一方、対流圏オゾンは窒素酸化ガスと炭化水素が 400nm より長い太陽光に照らされた状況で起こる化合物である。したがって、完全に人為放出物質である。これは、強力な酸化ガスであって動物植物を含むすべての生物にとって有害なものである。このオゾンは赤外線波長で吸収帯域をもっており、同量の二酸化炭素に比べて 1000 倍も強い温室効果をもつガスである。

ハロカーボン物質は、塩素、臭素、フッ素、炭素、水素の化合物である。その分子の構成によって、クロロフルオロカーボン（CFC、通称フロンガス）、ハイドロフルオロカーボン（HFC）、ハイドロクロロフルオロカーボン（HCFC）やハロカーボンなどが含まれる化合物である。これらの人工化合物は化学的に安定しているので、家庭でも冷却、エアダスターなどにも利用されてきた

第 5 章 地球の気候

し、工業面でも使用されてきた。これらの物質は長い寿命をもっており分解されにくいので大気中に蓄積していくことになる。

　成層圏ではこれらの物質は太陽紫外線によって分解される。CFC や HCFC は、分解によって塩素を解放し、それが極地方の成層圏オゾンを壊す。このため、1987 年のモントリオール議定書ではこれらの物質の製造および使用を停止しようとしたのであった。しかしながら、その寿命が長いことを考えると 1 世紀にもわたって大気中には留まっていることであろう。代替物質 HFC は成層圏オゾンには直接の影響はないものの、これも温室効果をもつ代物である。同量の二酸化炭素ガスの数百～ 1 万倍もの温室効果をもつ。

　温室効果ガスの量と地球の平均気温の間には強い相関関係がある。図 38 に示されている氷河期、間氷期の関係を見ると明らかである。海洋－大気システムは、ミランコビッチ効果などによる変動に対しては正のフィードバック作用をもち、初期の変動を増幅する特徴がある。実際、温度が上がった場合を考えよう。海洋は二酸化炭素を大気中に放出する。大気中の二酸化炭素ガスが増すので、温室効果がより大きくなり気温を上昇させていく。同様の理由で、初期に温度が下がった場合には、寒冷化を加速することになる。いずれの場合も、初期の変化の方向に変化し、正のフィードバック効果を示すのである。初期の方向に増幅するとはいえ、その方向そのものは外的に与えられる。この正のフィードバック作用以外の別の作用がなければ、地球は氷河に覆われるか灼熱の炉のようになるであろう。その例が金星で、太陽に近いこともあって、その表面は 450℃もあることが知られている。

　地球温暖化の原因は、人工温室効果ガスの放出によると議論されている。例を挙げると、白亜紀の高温期には確かに二酸化炭素ガス濃度は高かった。しかし、オルドビス期の氷河期についてはそのような相関は見られない。単純な理由づけで議論するのは避けなければいけない。温室効果ガスの影響を認めるとしても、水蒸気の重要な効果を考えないといけない。大気中の水蒸気は大量にあり、それは二酸化炭素の 2 倍の温室効果を示すという面がある一方、雲を作って地球のアルベドを高めて高温化を緩和する働きももって

いる。このことから、水の循環が重要な論点となってくる。

水の循環

　地表が受けたエネルギーの一部は水の蒸発に使われることはすでに述べた。低緯度地帯では、強い日射のために水の蒸発が盛んとなり、地表を冷却する効果と気温の高さ勾配を小さくする効果がある。大気が風となって流れて、水蒸気を熱帯地方から日射が弱くて低温な高緯度地帯へと運ぶ。高緯度地帯では、水蒸気は凝縮して雲となり、やがては雨や雪となる。この水蒸気の相変化は赤道‐極間の温度勾配を均す方向に働く。水蒸気は低緯度から高緯度へエネルギーを輸送する大事な役割をもっているのである。

　雲という形になると、水蒸気は高温化の緩和装置として働く。なぜなら、入射太陽光を反射するし、エネルギーを分散させるのにも働くからである。もし、例えば太陽光照射が強くなって気温が上がったとしても、水蒸気蒸発が盛んになり、引いては雲をたくさん作って気温を下げて緩和するような働きがある。一方、雲には温室効果もある。異なる2つの効果の差引勘定は、温室効果で地表に再放射されるより太陽光を反射して冷却化する効果の方が上回るので、緩和装置としての役割の方が大きい。負のフィードバック効果ということである。もっとも、雲の寄与の正確なところは、高度や雲粒の大きさなどに依存するのではあるけれども。

　温室効果は生命が発展するために必要な条件であることを見てきた。温室効果はおそらくはずっと働いてきたと思われる。太陽は、誕生後しばらくは現在より30％も暗かったといわれている。しかしながら、豊富にあった二酸化炭素が、その温室効果で生命の発展に必要不可欠な水を液体状態で維持することを可能にしたのである。この効果が、初期地球を完全氷結することから救ったのであろう。もし、そのようになっていたら、アルベドが大きくなって、太陽光はすべて反射されてしまったであろう。また、火山灰をまき散らす火山活動も氷を解かすことに働いたであろう。

第5章 地球の気候

プレートテクトニクスと造山運動

　ドイツの気象学者アルフレッド・ウェゲナー（1880 - 1930 年）は、あるとき、大陸の形がジグソーパズルのようにお互いにはめあわせることができることに気が付いて驚かされた。わかりやすい例が、南アメリカ大陸とアフリカ大陸である。ウェゲナーは単にパズル解きをしただけではなく、大陸が分裂するという可能性を、地質学、花粉学や古生物学的なアプローチを用いて調査したのであった。あるとき、一体化していた大陸が、ゆっくりと分かれて現在の形になったという考えである。この考え方は、「大陸移動」説と呼ばれている。1912 年の地質学会でこの考えを提出したけれども、以降長年否定されて、彼は失意の底に落ち込んだ。反対意見の主なものは、大陸を動かす力の源が何か不明であるということであった。その力の源は、放射性元素の崩壊である。放射性元素は、海洋地殻より大陸地殻の方が豊富にある。放射性元素は崩壊するときに発熱する。この熱は地球内部で対流となって、外界へ伝えられる。この対流が大陸分裂を起こす。大陸の分裂が起こると熱エネルギーは非一様に大陸と海洋地殻に分配され、粘性をもつマグマの上昇を引き起こす。この上昇流がリソスフェア[*]まで来ると、流れは水平 2 方向に分かれ、対流のセルを作る。上昇部の頂上部では、リソスフェアが左右に引き裂かれ下部から新しいマグマが上昇するのを助けることになる。一連の動きの結果、海洋底に海嶺が現れることになる。これは、どの海洋にも存在するもので、延長 6 万 km にもなるものである。リソスフェアは、1 ダース程度のプレート[*]に分かれており、アセノスフェアと呼ばれる熱い層の上に載っている。現在、プレートテクトニクスという一般的な枠組みの中では、アセノスフェアで起こる対流によって大陸が移動すると説明されている。1 年に数 cm という移動である。火山活動と地震活動はほぼすべて、プレートが広がる海嶺部とプレートが収束する沈み込み帯で発生している。火山岩が冷え固まるときには、地球磁場の強度と方向の情報を留めて、記憶していることになる。これを解析すると、過去 60 万年のプレートの位置を知ること

ができる。ウェゲナーの考えは、結局正しかったのである。

　なぜ大陸の位置やその地形が気候と関係するのであろうか。太陽から受けるエネルギーは、地球表面で一様に受け取られるわけではない。春分・秋分のときには赤道で最大であり、極ではゼロである。極地帯では日射があまりなく、もともと寒冷な地帯である。極地帯でエネルギーをもらうのは、海洋の循環と大気の循環である。熱の輸送という点では、海洋循環の方がより効果的である。ところが、熱の輸送が起こるためには、途中に障害物がないことが条件である。海洋循環は大陸で遮られるし、高い山岳は大気の循環を妨げる。もし極地方がすべての大陸から離れていたら、毎冬ごとの降雪で徐々に氷床を作ることはなかったであろうし、そもそも地球には極寒期がなかったであろう。白亜紀には大陸はすべて極地方に位置していたのであるが、氷河があった形跡はない。この場合は、火山活動が二酸化炭素を大量に噴き出して温室効果が働いたのであろうと考えられている。一方、1つの大陸が（極地方に）あるということは、積雪が起こりやすくなるという面もあれば、熱帯の熱を運んでくる海流を妨げるという面もある。その結果、氷河が中緯度帯まで拡大することになる。これが、地球のアルベドを大きくして、太陽熱の吸収を抑えるということになる。これは氷河を維持する向きに働く正のフィードバック作用である。アルゼンチンのティエラ・デル・フエゴ地方と南極の半島の間にあるドレーク海峡が開いてからは、南極環流が形成されて、熱帯海洋からの熱輸送が遮られて南極が孤立したのも同じ理由である。同様に、アジアプレートとインドプレートとの衝突でできたヒマラヤ山脈は、熱帯の熱気をシベリア方向に流れるのを妨げている。まとめると、プレートの運動は、あるときは地形を隆起させ、またあるときは沈降させたりすることで、海面の形を変え、やがては地球のアルベドを変化させる。したがって、大気循環の熱バランスに大きな影響をもつのである。

火山起源のエアロゾル

　太陽から来るエネルギーのかなりの部分が、雲や高度 10 ～ 14km の空中

第 5 章 地球の気候

に浮遊する塵によって反射されている。

塵が気候変動に関係があるという考えは昔からある。ベンジャミン・フランクリン（1706 - 1790 年）は、1783 ～ 1784 年の厳しい冬は、アイスランドのエルトギャウとヨークトルの大噴火の結果、塵が視界を遮るほどになったことによると考えた。その当時、南フランスでは地平線より高度 40°以下は星が見えなかったということからも、その程度はうかがえる。この考えは、その後 1883 年のジャワ島のクラカトア山の大噴火で再認識されることになった。チャールズ・アボットは火山活動と太陽活動のみが地球の気候を決めていると提案し、一生その考えをもち続けたほどである。

火山の大噴火があると、大量の塵が速い速度で高度の高い上空まで噴き上げられる。対流圏の塵は雨によって地表に戻されるが、成層圏まで届いた塵は長い期間漂うことになる。この塵が大気に大きな影響をもつのである。噴火のとき、硫黄ガスも吐き出され、それが水蒸気と結合してマイクロメートルサイズの硫酸性液滴となる。これが太陽光を反射するのである。熱圏や成層圏の風の流れを考えると、これらのエアロゾル*は地球全体に拡がっていく。近年の衛星観測によってこのことは確認されている。1 つの大噴火は地球規模の影響をもつのである。噴火は地表面での太陽照射を低下させ、小さな寒冷化をもたらすのである。塵の滞空時間は数年であり、噴火の影響はその範囲にとどまるが、大噴火が連発すると話は別である。1963 年のインドネシア・アグング噴火、1980 年のアメリカ・セントヘレンズ噴火、1982 年のメキシコ・エルチチョン噴火、そして 1991 年のフィリピン・ピナツボ噴火と続いた場合には、地球の平均気温が 0.1℃の数倍程度下がったことが知られている。噴火が長く続き大規模であれば、火山灰による塵も大量となり、気候への影響も大きく長期にわたるであろう。「核の冬」と呼ばれるものも同じシナリオである。核爆発で、塵が成層圏まで巻き上がり、結局は太陽光を遮ることになって気候に影響を与えるのである。

地球に大きな隕石が衝突した場合も、同じように塵を巻き上げる。この考えは、白亜紀の生物の大量絶滅を説明するアイデアのうちの 1 つである。

地球気候に関わる諸要素

白亜紀 – 暁新世境界のときに、石質隕石には豊富にあるものの地球には稀な
イリジウムの痕跡があるし、衝撃石英^{訳注4)} が見つかることやユカタン半島
のメキシコ湾に半分沈んだ形でクレーターがあることが証拠として挙げられ
ている。この直径が 200km もあるクレーターは、おそらくは大きな隕石の
衝突でできたものであり、その年代がちょうど白亜紀 – 暁新世の境界になっ
ている。衝突で噴き上げられた粉塵は、恐竜やアンモナイトにとって致命的
な気候変化を起こしたのであろう。別のアイデアは、インドのデカン高原に
ある玄武岩大地を作り出した、長期で数限りなく起こった火山噴火が原因と
する説である。プレート移動中のインド大陸が現在のインド洋レユニオン島
に位置していたときに起こったもので、高高度まで粉塵を噴き上げ、火災を
起こし、酸性雨を降らせ、イリジウムに富む火山物質を噴出した。地殻のホッ
トスポットと呼ばれるところからマグマが上昇してきて巨大噴火を引き起こ
し、やがてはトラップ[*]と呼ばれる玄武岩流独特の層構造を作ったのである。

　いずれの場合でも、気候変動は起こりうる。巨大隕石の衝突は、火山活動
を誘発することも可能であろう。論争は未だ結論に達していない。大量絶滅
については、1 つの超巨大噴火で説明できるとする説もある。

　これまで述べた大気中の粉塵は、多かれ少なかれ気候を変化させる役割を
もっていた。また別の場合、粉塵はそのときの気候のせいで結果として生み
出されることもある。大氷河期には、中高緯度地域ではエネルギー供給が少
なく、強風を引き起こす。氷河の境界に位置する地帯では気候は極めて乾燥
したものになる。強風が地表を削り取って遠方まで粉塵を運び、比較的静か
な場所に降り積もる。これで、ヨーロッパ、アジア、アフリカで見られるよ
うな厚い黄土層を作り上げる。氷河期の産物である黄土が、数千年後に温暖
な気候に復帰したとき、植物の繁茂につながり地表のアルベドを変えるので
ある。この効果は、後程 148 ページで説明する。今日では、黄土の源はアジア、
アフリカの砂漠である。

---

^{訳注4)} 隕石の衝突地点付近でみられる特異な石英。衝突による高圧状態で石英結晶構造が変形し、
特徴的な縞模様が形成されている。

第5章 地球の気候

大気中のエアロゾルは雨を作る際に重要な役割を果たす。エアロゾルは水蒸気凝縮の核となり、大雨や頻繁な降雨を引き起こす。エアロゾルがないときには、イオンが凝縮の核となりうるが、その効率は高くない。エアロゾルはその起源、性質が何であれ、気候に対しては極めて大きな役割をもつのである。

生物起源のエアロゾル

森林や田園の上空では、光化学反応によってエアロゾルが作られる。その量は、日中時間が進むにつれて増え、地表近くに漂い、地表赤外放射の一端を担っている。その厚みが大きい場合には青い靄となり、熱い霞ともよばれている。これは海上では見られないものである。一方、海面はそれ独特の2種のエアロゾルを作り出す。

海上の風と波は小さな水滴の細かな飛沫を生み出す。風に運ばれて水飛沫は陸地に向かって数 km まで運ばれる。もっとも、成分が水であるからこれは大地を肥やすという訳ではない。一方、海面には植物プランクトンという微生物が生きている。その総量は、海生物全体の 90 ％の重さを占めるほどのものである。プランクトンが死ぬと、有機物が分解される。ある種のプランクトンは硫黄、マグネシウムや多くの重金属を選択的に体内に取り込んでいる。これらの死骸は、数十 μ m の厚みの薄い層を作る。海辺で波の波頭が崩れるとき空気を巻き込み、やがては小さな泡となって浮上してくる。このとき、有機物に富んだ細かな飛沫を大気中に飛散させる。このエアロゾルが、風にのって内陸部まで運ばれて自然の肥料となり、内陸部の植生を発達させるのである。これはまた地球表面のアルベドを変えることにもつながる。気候に与える影響は後程 148 ページでみることにする。海洋起源のエアロゾルは、気候と生物圏との関連を示すものである。

地球軌道パラメーターの変動

第4章で地球の軌道パラメーター（公転軌道の離心率、軸の傾き、分点

の歳差運動）に他の惑星が影響をもつことを見た。

　公転軌道は、離心率ゼロの円軌道から最大離心率 0.06 の楕円軌道の間を周期的に変化する。離心率の周期変化で大きなものは 40 万年と 10 万年周期の 2 つである。地球－太陽間距離が離心率の変化に応じて変わるので、地球が受けるエネルギーが周期的に変化することになる。

　地球の自転軸の傾きは、4 万 1000 年の周期で公転面から 21.5°と 24.5°の間で変動する。

　歳差運動は、春分・秋分点が移動していくことに対応するものである。この歳差という現象は 2 つの運動が原因となっている。1 つは、地球の自転軸が公転面の鉛直方向周りに 2 万 6000 年の周期で移動していくという運動であり、もう 1 つは地球公転面そのものがある軸の周りを回るという運動である。総合すると歳差運動は、1 万 9000 年〜2 万 3000 年程度の周期をもつものとして取り扱うことができる。このサイクルがミランコビッチ・サイクルといわれるもので、それぞれの周期で気候に影響を与えるのである。

　離心率は地球が受けるエネルギーのバランスに直接影響がある。夏至時に太陽までの距離が小さいときには、より多くエネルギーを受けることになる。自転軸の傾きは、南北両半球間の熱的なコントラストを変化させる。自転軸の傾きが大きくなると、冬はより厳しく夏はより暑いものになる。

　歳差運動は季節の非対称性を決める働きをもつ。現在は、地球から太陽までの距離は 12 月の方が 6 月より小さい。南半球に比べて北半球の冬が穏やかなのは主としてこの効果のせいである。1 万 1000 年ほどすると状況は逆転し、地球は夏至時に太陽に最も近くなるので、南北両半球の季節コントラストは高くなるのである。

　自転軸の傾きは高緯度地帯のエネルギーバランスにとって大事な役割をもっている。もっとも、冬に太陽までの距離が遠いか近いかによって歳差運動がそれを助けたり妨げたりする効果はある。

　地球軌道パラメーターが時間変動をすると、地球が受ける太陽エネルギーが変化する。この変化が地球気候にどの程度影響をもつかを理解するために

第 5 章 地球の気候

は、その大きさを評価することが必要である。例えば、自転軸の傾きが 23°
から 25°に増えた場合、夏至・冬至の際に受けるエネルギーは、ほぼ 15W/m^2
以上の差がある。離心率がゼロの場合は、夏至・冬至の際に受けるエネルギー
は同じであるが、離心率が 0.06 という最大値になると、両至点時で 65W/m^2
の差が出てくる。しかしながら、この状態変化は 5 万年かかるということ
である。年々の変化量は小さいのであるが、長い間続くというところに特徴
がある。そして、正のフィードバック作用（高緯度帯でのアルベド、二酸化
炭素の働き、海洋の循環、大気の循環）が、小さな擾乱を増幅するのである。
実際上は、氷河期 – 間氷期の中間期では、離心率は最大になった後、減少を
始めているのもかかわらず、氷河は広がり続けていた。次は、このメカニズ
ムの主要なものをみていこう。

大気循環

　地球は球体である。太陽が地球の赤道面にあるとき、地球が受け取る太陽光
は赤道から極に移るにつれ低下していく。一方、地球が放射する赤外線は、緯
度にはあまり依存しない。エネルギー収支の緯度依存性を計算すると、高緯度
になればなるほどエネルギーが欠乏していることがわかる。この赤道地帯と極
地帯の熱収支の差を埋めるように大気が循環していることをみてみよう。

　太陽光線が天頂方向から差し込むことと、アルベドがそう高くない熱帯の
海洋が多数あることから、地球の低緯度地帯では照射太陽エネルギーが最大
となる。したがって、大気は熱せられ、湿気を帯び、上昇して北方あるいは
南方に分かれて流れていく。赤道で生まれた暑くて湿った空気は、上空で冷
却されて高さ 17km に及ぶ積乱雲を作る。この積乱雲から大量の雨が降る
ことになる。水蒸気が凝縮するとき潜熱を出すので、空気は軽くなって上昇
および高緯度への運動を続ける。ほぼ 30°の緯度で大気は下降に向かい、や
がては低緯度地帯に帰っていく。一連の大気の流れ（ハドレー循環）は、全
体としては対流が作ったセル構造になっていてハドレー・セルと呼ばれて
いる。1735 年にこの現象を考えたイギリス人天文学者ジョージ・ハドレー

（1682 – 1744年）に因むものである。古くはイギリス人天文学者エドモンド・ハレー（1656 – 1742年）もこのアイデアをもっていたのではあるが。

　このメカニズムが働いて、赤道付近で対流起源の定常的な大気循環が起きている。第3章でみたように、回転している物体には角運動量保存の法則がある。ある空気の塊が、赤道から緯度の高い方に移動すると、自転軸からの距離が小さくなる。したがって、角速度は大きくならざるをえない。空気の流れ、すなわち風は、赤道から離れれば東向きの速度成分が付け加わって速度も増すことになる。緯度が高くなっていくと速度は大きくなっていくが、やがてはその流れは不安定になって崩れてしまう。これは、緯度30°付近で起こる。北への流れを考えてみると、風は赤外線を放射して徐々に冷えていき、湿気もなくなっていく。高度も低下し、やがては赤道方向へ帰ることになる。乾燥した下降流[*]は緯度30°で起き、そこでは降雨は少ない。この緯度でたくさんの砂漠があるのは、この理由からである。例えば北半球ではサハラ砂漠、スーダン砂漠があり、南半球ではナミブ砂漠、オーストラリア砂漠が緯度30°付近にある。赤道方向に帰還する風は貿易風といわれるものになる。北半球では南西に向かって吹き、南半球では北西に向かって吹く。地球周回衛星の写真で見ると、上昇流の部分は赤道付近の雲の帯として見える。上昇流および下降流の所は低気圧および高気圧に対応する。すでにみたように、この大気循環によって乾燥した砂漠も形作られる。そこでは雲もないため、水蒸気による温室効果もない。であるので、砂漠では夜間冷え込むのである。

　ハドレー・セルは赤道地帯の熱を熱帯域に運ぶ手段となっている。このセルは、冷たい上空の空気の下にある地表面近くが強烈に暖められて、大気が対流に対して不安定性になって起きているのである。ハドレー・セルは緯度30°までしか届かない。そこから先は、また別の熱不安定性が働き出すのである。

　緯度30°から先は、気温は極地方に向かって低下していく。海水はその熱容量が大きいので、温度はそれほど変わらない。一方、大陸は日射量に直ち

第5章 地球の気候

に反応して熱せられたり冷却されたりする。この結果、経度方向に大きな温
度差が作られる。さらには、中緯度帯は高緯度の極高圧帯と亜熱帯高圧帯と
いう2つの高気圧帯にはさまれる形となっている。このような状況の中緯
度帯では、低気圧と高気圧が列をなして作られ、中緯度と高緯度間の大気の
循環を引き起こす。

　次のような例を考えてみよう。同じ経度上で高気圧が北緯40°、低気圧が
北緯60°にあるとする。もし地球が回転していなければ、風はまっすぐ北に
向かうであろう。ところが、地球の回転はその流れを変えてしまう。高気圧
から流れ出た空気は北に向かおうとするが、角運動量保存則により、より早
く回転することになり、向きが東方向に変えられる。そして低気圧の周りを
左回りに流れることになる。高気圧では右回りの流れとなる。以上は北半球
でのことであって、南半球では流れの向きは逆となる。いま少し正確に述べ
ると、このような場合、風は結局、等圧線に沿って流れる「地衡風」という
振舞いをする。この空気の流れは、高緯度帯の熱の不足分を補う役割をもつ。
例えば、グリーンランド上の高気圧はヨーロッパ西部に冷たい風を吹きつけ
る。ところが、この結果として高緯度地方に海洋からの熱を運ぶことになる。
この効果は、夏よりも冬の方が大きい。冬は、高緯度帯は極寒であって、エ
ネルギーの欠乏がより大きいからである。中緯度帯で引き起こされる風の流
れが高緯度へ熱を運ぶ役割をもっているのである。

　熱帯地方では、ハドレー循環に関係しているので動的な起源で高気圧は作
られる。高緯度で高気圧が作られるのは、熱の欠乏がその起源である。この
熱欠乏起源の高気圧は、中緯度帯、特にアジア大陸の冬にも作られる。地表
は冷たく、その上の大気を温めることはできない。空気は水蒸気を含まず温
室効果もないので、熱がますます欠乏するのである。このようなところでは、
気温は大きく低下するのである。一方、夏には空気は加熱され上昇流となり、
低気圧が発生する。これが、アジアの国々での夏のモンスーン気候の原因と
なっている。

地球気候に関わる諸要素

海洋の循環

海洋は地球の気候に対して2つの役割を果たしている。1つにはアルベドが0.1程度でエネルギーを吸収して蓄えるという役割である。もう1つは、海流によって遠方までエネルギーを運ぶという役割である。

海洋は、春から夏にかけて熱をため込み、秋から冬にかけてその熱を放出する。表面からほぼ100mの深さまでの海水が貯熱層となって、熱制御をしているのである。

熱をため込むことの他に、海洋は遠距離までその熱を運ぶ作用もある。特に低緯度から高緯度へ熱を運び、高緯度地帯の低日照によるエネルギー欠乏を補う作用がある。次に挙げる二つの働きで海流が作られる。

1つは、風が作りだす海流である。海の表面の流れは、対流圏の風によって駆動される。例えば北大西洋の場合、貿易風が西に向けて吹くので熱帯の温かい水は北大西洋の西に押しやられるし、中緯度帯の西風は海水を東に押しやる。25℃程度のこの流れがガルフストリーム（湾流）として知られているもので、西ヨーロッパの気候を穏やかなものにしている。この海流は分岐拡散してやがてはゆっくりと熱帯地方に帰っていく。

2つ目は、海水中の塩分が増すことによって作られる海流である。北太平洋のノルウェー海やラブラドル海では、極地方の寒冷な空気と接触して海氷が作られる。海水ができると、塩分を海水側に置き去るので海水の塩分濃度を高め、海水の密度そのものを高くする。塩分で重くなった海水は大西洋の南北アメリカ大陸の岸に沿って深海部に沈下し、南大西洋を横切ってインド洋まで到達する。一部はオーストラリアの西で上昇し、残りは南太平洋に至る。上昇してきた海水は熱帯域で再度温められて最終的には元の所へ帰っていくが、この流れも西ヨーロッパの冬の厳しさを和らげるのに寄与している。

この循環は、塩分が大きな役割をもつので熱塩循環と呼ばれている。流れは非常にゆっくりしたものである。沈み込みから太平洋での上昇まで、数百年から1000年程度かかっていると考えられている（図41参照）。熱塩循

環はエネルギーを低緯度帯から高緯度帯へ運ぶので、気候にとって重要な役割を果たしている。この循環が遅いと、冷涼な気候を作り出すのである。循環の速度は海水中の塩分濃度による。海水1リットル当たりの塩分が1グラム変化しただけで、循環速度は大きく変わるのである。海水に淡水が付加されたときにどのようなことが起こるかを2つの例でみてみよう。

　南極やグリーンランドでは雪は主に海岸沿いの地帯で降る。内陸部は極めて乾燥した地帯である。氷床は海岸沿いで厚くなっていき、やがては海面まで広がって自分自身の重さに耐えきれなくなって壊れていく。超巨大な氷山が作られることになり、これらの氷山が海流に乗って中緯度帯へ運ばれていき、徐々に融けていく。深海の堆積物にその証拠があり、このようなイベントが過去6回、7000年ごとに1000年から2000年の継続時間で起きていることが見つけられている。ハインリッヒ・イベントとして知られているものである。この現象が起きると、氷山が融けた淡水が海洋に注入され、海洋循環が抑えられてしまい、高緯度への熱の供給が低下して寒冷気候を導くのである。

　1万2600年前、最終氷河期が終わる頃には、温暖になったものの、それが1世紀にも満たないうちに、急激に寒さがぶり返した。これは、ヤンガードリアスと呼ばれている亜氷期で、2000年の間続いた。この気候変化は、天文学的な現象とは考えにくく、熱塩循環が淡水の注入で妨げられたのかもしれないと考えられた。2つの説が唱えられた。最初のものは、最終氷河期の終わり頃、カナダの北部にあるローレンタイド氷河が融けたことに基づくものである。融け出した淡水が湖となり、やがてはミシシッピ川に沿って溢れ出しメキシコ湾に流れ込んだと考える説である（ハインリッヒイベント説）。ローレンタイド氷河が縮小していくと五大湖やサンローラン峡谷方向にも、融水が流れ出し、北部大西洋にも淡水を流し込むようになったと考えられている。しかしこの説は受け入れられていない。ヤンガードリアスのときには、海面上昇（海進）があまりなく、氷床の融解は以前に比べてそれほど強いものではなかったからである。第2の説は、この時期に北極海の形が

変わったことに基づくものである。この時期、北極海では、シベリア北部の大陸プレートが浸食されてシベリア‐アラスカ間に海峡を開いた。浅い海は

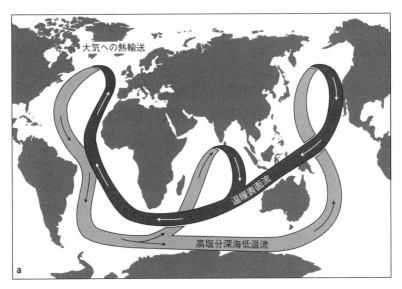

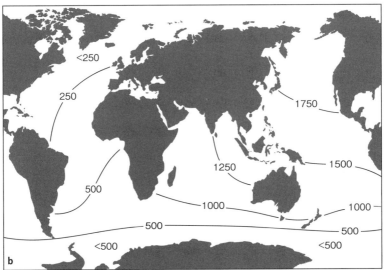

図41 海水の循環（a）と3000mの深海の海水年代（b）。深海の海水は大気とは隔絶されている。炭素14の存在比の減少量から海水の年代を見積もることができる（Duplessy, 1996による）。

第 5 章 地球の気候

氷ができやすいものであり、海流に乗って北部大西洋に運ばれて熱塩循環に影響したと考えるものである。

いずれの説が正しいにせよ、気候変動に関しては海水の塩分濃度が中心的な役割をもっている。もっと一般的に言って、氷河時代でもこの塩分濃度は大きな役割をもっている。最終氷河期での海流循環モデルは、熱塩循環は速度が小さく、深海まで沈潜せずに、さらには中緯度帯で流れが止まっていたことを示している。運ばれる熱量は現在と比べて 3 分の 1 程度であった。熱塩循環は正のフィードバック作用をもつものであって、一旦、寒冷化するとさらに厳しい寒さにするし、逆に少し温暖化するとその傾向が続き氷河期を終わらせてしまう作用がある。このように塩分というのは重要な要因なのである。

熱塩循環のメカニズムは、現在でも詳細なところまでわかっているのではない。この循環流は、安定状態というものをもっていないように思える。この循環が気候に与える重要性は、熱の低緯度から高緯度への輸送の大きさから明らかである。それは海洋と大気の密接な結合を示しており、またある 1 つの循環状態が次の循環状態をいかにして引き起こすのかを示しているのである。

大陸と海洋の表面の性質

ある 1 つの気候状態が続くと、地球表面にはある定まった状態（緑地、砂漠、氷河）の表面が形成される。亜熱帯地方の砂漠では、大気の下降が卓越して高気圧を作り出す。砂漠が一旦形成されると、その砂、礫のアルベドは 0.4 程度であるため、地表に吸収されるエネルギーは少なく欠乏するので、ますます下降流が起きやすくなる。乾燥空気が流入するのである。日中は強く熱せられ、夜には急激に冷える。これは、乾燥しているために温室効果が働かないからである。これは、正のフィードバック作用であり、砂漠の周辺でまだ緑地であるところも徐々に侵食されて砂漠化が進行するのである。このような不可逆的な性質は、気候の正のフィードバック作用のせいである。例と

して、7000 年前の高温期を取り上げてみよう。当時、アフリカ北部は砂漠ではなかった。多くの川が流れており、水が豊富であったので、広大な牧草地では牛を飼育することが可能であった。これには色々証拠があり、洞窟壁画に描かれている牛や、カバのような水際を好む動物の骨が見つかっているのである。それが、何かのきっかけで砂漠ができると正のフィードバック作用のため、砂漠化が進行し、サハラ砂漠となったのである。

　地表が植物で覆われることが長く続くと、そこではアルベドは 0.1 程度になる。太陽から受け取ったエネルギーは蒸発に使われて地表の温度を上げないように働き、空気の上昇流を導き、そしてやがては雨を降らすことになる。この作用も正のフィードバック作用である。この場合のフィードバック作用は、生物界にとっては好ましいものである。

　海洋面でも、同種の現象がある。水は 0.1 程度のアルベドであり、エネルギーをよく吸収する。熱容量も大きく、海水が大量にあることから、熱の貯蔵槽となる。一方、海洋が氷に覆われると、アルベドが 0.8 まで上がり環境が増々寒冷化する。しかし、氷の熱伝導率は小さく、液体の海水が外気に熱をとられるのを制限する効果がある。ただし、熱塩循環が気候を支配する際に、この効果がどの程度働くかは正確なところはわかっていない。

炭素サイクル

　ここでは大陸と海洋の表面間での二酸化炭素のやり取りを見てみよう。このお互いのやり取りは、次の 2 つの要因があって、実は深海に至るまで広がっているのである。

　最初のものは、海洋－大気面での二酸化炭素の融け込みに関するものである。固体や気体が液体に融け込む程度は温度によって異なる。固体は液体の温度が高い方が低い方よりもよく融ける。気体の場合は逆である。室温においた炭酸水の瓶を開けたとき、勢いよくガスが噴き出すのはこのためである。二酸化炭素ガスが海水にどの程度融け込むかは、温度が決定的な役割を果たしているのである。

第5章 地球の気候

　海流は二酸化炭素が融け込んだ海水を深海へあるいは高緯度地帯へ運んでいく。極地方の海水温は 1 ～ 2℃程度で低温であるので、大量の二酸化炭素を蓄えることになる。熱塩循環はゆっくりとしたものなので、何世紀にもわたる時間をかけて、大気中の二酸化炭素を海水中に蓄積することになる。

　2 番目のものは、生物が関係するものである。海の表面には、温度によって決まる一定量の二酸化炭素が融けこんでいる。この二酸化炭素や重炭酸塩を原料にして、光合成によって植物プランクトンが有機物を作っている。この植物プランクトンは、食物連鎖の中で動物プランクトンに取り込まれ、さらには魚類に食べられる。このようにして、大気中の炭素が生物の有機組織を作るのに使われ、死骸や排泄物などになっていく。大量の炭素が、大気と水の間で再循環することになる。植物や有機体の呼吸、排泄物の酸化腐敗などが関係する。酸化が不完全なときには、一部の廃棄物は深海まで沈下して、深海写真でフレーク状に見える「マリンスノー」となる。沈降中もバクテリアによる酸化作用は引き続いており、沈降したものの少なくとも 1%程度が海底に到着する。海底では、貝殻や色々な動物の骨組織と一緒になって、炭素は炭酸塩という形になる。このようにしてできる堆積物は、大気中の二酸化炭素を石灰化沈殿物という形で蓄える大きな庫の働きをするのである。このメカニズムは「生物ポンプ」と呼ばれるものである。もしこのポンプが停止したら、大気中の二酸化炭素ガスが急激に増えて、気候が変わるかもしれない。生物の大量絶滅がこのメカニズムで起きたと唱える説もある。

　しかし、海洋に蓄積されるのは炭素だけではない。窒素や硫黄も植物プランクトンにとって必須の塩類であり、これらも蓄積されていく。これらの塩類がないと植物プランクトンで光合成は起きない。この塩類は海底や地表にある。地表のものは河川の流れによって海に流れ込む。深海にある塩類は、風によって起こされた海水循環によって海表面に湧き上がってくる。実際、熱帯地方で風が海の表面を沖に押しやる現象が起きると、深海から植物プランクトンに必須の塩類を湧き上げる。このような湧昇流が起きるところでは、魚が豊富にとれる。アフリカ西海岸沖や南アメリカ西海岸の沖合がその例で

地球気候に関わる諸要素

ある。この2番目の炭素蓄積法は、深海流循環に比べて短い時間で働くと考えられている。

　植物プランクトンは気候に対してまた別の働きをする。植物プランクトンは、ジメチルスルフィドを発生し、これが光化学反応[訳注5]によって硫黄ガスと硫酸塩エアロゾルになっていく。気候への影響は次のように考えられている。エアロゾル粒子は潮解性[訳注6]が高く、核となって水蒸気の凝縮を起こす。原因がどのようなものであれ気温が高くなると、生物の活動が活発になり、雲を作りやすくなるので気温を押さえるようになる。負のフィードバック作用をもつ働きがあるということである。

　気候と生物圏とはループ状につながったシステムを作っているように考えられる。二酸化炭素量と雲量によって平均気温が決まり、それによって大気中の風の強さが決まり、風が駆動力となって海洋循環が定まり、二酸化炭素のリサイクルが起こる。最終的にはまたこれが気候に影響するのである。このシステムの重要性を地球規模で定量化するのは難しい。個々の過程が進む速さがよくわからないために、このサイクル全体の働きを見定めるのが難しいのである。

　海洋－大気の結びつきの重要性を見るために、エルニーニョ現象を考えてみよう。貿易風が西に向けて吹くことは以前見たとおりである。この風がペルー沿岸からインドネシアに向けて表層水を移動させる。このとき、中緯度帯の表面水や深海からの湧昇水が合流する。この流れに乗った水は、移動途上で温められ、インドネシア近くで大気中の対流不安定性を起こすことは以前見たごとくである。さらに、低温湧昇水は植物プランクトンを繁殖させ、したがって魚類も豊富に育つことになる。このシステムは、貿易風が弱まると働かなくなる。インドネシアの東側での強い大気の上昇下降が止まり、雨が少なくなる。ペルーでの低温湧昇流が妨げられ、植物プランクトンの不足

───────────

[訳注5] 物質が光を吸収して起こす化学反応。植物の光合成反応がその例である。

[訳注6] 物質が空気中の水分を取り込んで物質そのものが溶解する性質。水酸化ナトリウムや、（食塩に含まれている）塩化マグネシウムなどが、その例である。

第5章 地球の気候

で漁業が不振となり、ペルーでは豪雨を引き起こす。そして、貿易風をさら
に弱くする。結果が原因を加速するという形となる正のフィードバック作用
をもつ海洋−大気結合の例である。この現象は3〜7年の周期をもつもので、
その原因の詳細なところはまだ不明である。エルニーニョはインドネシアと
ペルーに大きな影響をもつが、遠く離れたところにも影響する。1998年に
は特にその影響が強かった。

　炭素の循環については、我々は海洋−大気結合に現れる点を注目したが、
すべてを尽くしたわけではない。地球の長い歴史を考えてみると、地球大気
は徐々にではあるが二酸化炭素を失っている。長い目で見ると、温室効果ガ
スを失い、平均気温を下げているのである。海洋に二酸化炭素が吸収される
と、正のフィードバックが働き、気温が低下して氷河期が始まるという結果
を招く。気候とは別の原因で二酸化炭素が大気中に付け加わって、この氷河
期に至る道筋を避けることを可能にしたのである。それは、プレートテクト
ニクスによるものである。リソスフェアに新しいプレートができると古いプ
レートを押しやり、密度の高い薄い厚みの海洋底が、大陸のリソスフェアの
下に沈み込み帯で潜り込む。このとき、海洋底の沈殿物も一緒に運ぶ。深さ
700kmで温度2000℃のアセノスフェアまで沈み込むと、高温のために炭
酸塩が分解され、二酸化炭素が放出される。この二酸化炭素が火山爆発によっ
て直接大気に戻されるのである。火星が現在寒冷な状態にあるのは、火星に
は活発なプレート運動がないのも一因である。

地球気候の歴史上の主な周期

　これまで簡単な説明であったが、色々な手段によって、地球の気候を地質
学的な時間スケール、そして長い歴史の時間スケールで確認することができ
た。氷床コアや堆積物の解析のお蔭で、気候の歴史の中に周期性があること
が見出されたのである。図42に主なものをまとめた。そして、その原因（確

152

周期変動	原因
3.3 億〜 3000 万年	銀河星雲？ホットスポット？
10 万、4.1 万、1.9 万年	地球軌道パラメーター
2300 年	太陽？海洋？
100 〜 400 年	太陽
10 〜 20 年、27 年	太陽
2.1 年	太陽／大気？
1 年	地球公転の離心率

非周期的変動	原因
長期	プレートテクトニクスと造山運動
短期	火山噴火

図 42　地球気候の様々な変動の周期（Ghil, 1991 による）。

かなものや可能性があるものを含めて）も記した。

　気候に作用する因子を考慮すると、これらの周期性の起源の最も可能性のあるものを導くことができる。

　最も長い周期は、ホットスポットでの火山活動と地球が銀河内の星雲を通過することによるもの（第 4 章参照）と考えられる。これらの考えは未だ慎重に検討をすることは必要である。実際、ホットスポットでの大規模な噴火活動は、生物の大量絶滅を区切りとして決められている地質学的年代と軌を一にしている。年代がわかっている十数回の洪水状溶岩噴出は、3000 万年ごとに繰り返しているように見える。これは周期的なものであろうか。地質学的あるいは天文学的にも、この大問題について結論は得られていない。

　一方、10 万、4 万 1000、2 万 3000 と 1 万 9000 年の周期は、地球軌道パラメーターの変動によるものと認められている。これはミランコビッチ効果というもので、観測と理論が一致しており、太陽照射光の変動で気候が影響を受けるという考えで間違いがないからである（第 4 章参照）。

　1 万 9000 年より短い周期については、火山活動を考えることはできない。その活動は周期的ではないからである。火山活動は確かにある状況では気候に大きな影響をもつ。これは、137 ページで確認したところである。1 万

第 5 章 地球の気候

9000 年より短い周期については、海洋循環、海洋 - 大気システム固有の振動、
さらには太陽活動の変動を考慮しないといけない。

　温かい水を高緯度地帯に運び、そして、大気中の炭素も循環させる海洋循
環については、1000 年程度の時間が考えられている。その大部分の時間を
深海に滞在する形である（図 41 参照）。この循環のメカニズムは詳細まで
わかってはおらず、安定したものかどうかも不明である。したがって、この
循環は気候変動を起こす第一原因かどうかも疑いをもたれている。ミランコ
ビッチ効果で起動された気候変動が、正のフィードバック作用で影響が大き
くなっただけかもしれない。循環の速度がゆっくりしていること、フィード
バック作用が遅れて働くことがあって、解析がなかなか進まないのである。

　海洋、大気、大陸氷床、海面氷、生物圏で成り立つ複雑な系は、太陽のミ
ランコビッチ効果や太陽そのものの変動によって太陽光エネルギー照射の変
動を受けると、その擾乱に対して非線形的な反応をする。このような場合、
特に入力に周期性がなくてもシステムが周期的な振舞いをすることがありう
る。このようなときには、カオス的なメカニズムがもたらす気候の周期的な
変動は、これといって特定できない色々なことが（太陽活動や火山活動など）
原因となって発生する。

　しかし、短周期の気候変動の原因については、太陽活動が唯一考慮の対象
となる。残念ながら、その決定的な証明には至っていない。水のサイクルな
どに関係するフィードバック効果があまりよくわかっていないからである。

　ではあるものの、太陽の変動そのものは、直接的に観測されており、また、
炭素 14 とベリリウム 10 の濃度測定から分かっている。この測定結果と気
候の解析から見つかった周期性とを突き合わせて、両者の間の関係を調べる
ことができる。

　2300 年の周期は気象データから見つかったものであるが、炭素 14 の変
動からも見て取れる。この周期性は地球磁場変動の周期性に由来するかもし
れないと考えられて研究された。ところが、地球磁場の変動成分を正しく評
価すると、そのような周期性はないことがわかった。したがって、2300 年

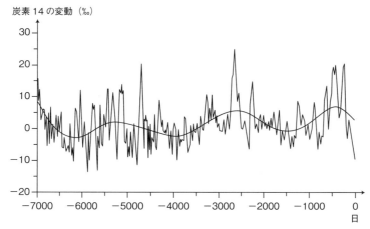

図43　過去7000年の炭素14の濃度変化。地球磁場の変動の影響は補正済。グライスベルグ・サイクルやスエス・サイクルなどの短周期のものは取り除いてあって、2300年周期のもの（ハルシュタット・サイクル）がわかりやすいようにしてある（Damon and Sonnet, 1991による）。

周期の起源は未解明である。ただ、太陽活動と海洋循環が寄与しているのかもしれないと考えられている。炭素14が以前に多く作られて、海洋循環のゆっくりとした動きに運ばれて、それが表面に現れたのかもしれない。あるいは、何か2つの周期が近いものが重なったときに起こる、うなり現象[訳注7]で2300年周期が現れているのかもしれない。

100年から400年の周期は太陽活動変動を反映して炭素14のデータに現れている。グライスベルグ・サイクルとスエス・サイクルが該当する（第3章参照）。27年や10〜20年の周期は、明らかにシュワーベ・サイクルあるいはヘール・サイクルによるものである。2.1年の周期は、準2年振動（89ページ）と呼ばれるもので、大気起源の振動現象である。

　短周期の気候変動の起源を太陽に帰することについて、現在中心的に議論

[訳注7] 2つの少し異なる振動数の波を重ね合わせたときに起こる現象で、波の揺れ幅が増減する現象を言う。元の2つの振動数の差で決まるゆっくりとした振動で揺れ幅が変わる。2つのギターの弦の張りが少し違っているとき、その2つのギターの弦を同時に弾くと、音が大きくなったり小さくなったりする、うなりが聞こえる。これがうなり現象である。これを利用して、うなりが聞こえないように2つのギターを調律することができる。

第 5 章 地球の気候

されているのである。過去長い間、太陽活動が気候変動のエンジンであると
いう考え方は否定されてきた。だが現在は、この考え方を支持する発表が、
多くの国際学会で数多くなされている。この点については後程重要な点を議
論する。

気候システムのフィードバック作用

気候システムは数多くのプロセスで制御されている。その主要なものをこ
れまでみてきた。ある場合には非線形効果が働いて、ちょっとした初期の変
化を増幅して急激な気候変化の原因となることがある。

地球の気候システムは極めて複雑な系であって、その詳しいところまでは
十分解っていない。このシステムには多くの正のフィードバック効果がある
ため、火星のような寒冷状態にすることもあれば、金星のような灼熱状態に
することもある。しかしながら、地球の平均気温は、数℃あるいはせいぜい
十数℃程度の範囲内に収まって安定しており、そのおかげで生命は維持でき
ているのである。例えば、地球の全球凍結の場合には、氷のアルベドが高い
ために氷が融けることは考えにくく、したがってその状態を抜け出すことが
難しいと考えられる。地球がその状態を抜け出せたということは、確かに一
時的に正のフィードバック効果で全球凍結を作り出したものの、気候システ
ム内の別の負のフィードバック効果が働いたに違いない。

この例のように正のフィードバック効果、負のフィードバック効果は同時
に作用することもありうる。

海洋、生物圏、大気（流れと組成）そして地表の状態の相互作用の結果と
して気候というものは決まってきているのであるが、この気候システムは 2
つの要素で擾乱を受ける。1 つにはすでに詳しくみたように火山活動の影響
である。そして、いま 1 つは太陽活動やミランコビッチ・サイクルによる太
陽照射の変動の影響である。太陽照射の変化の影響をもう一度考えてみよう。

大陸の配置、平均気温、二酸化炭素やメタンの組成が与えられた大気など

156

で特徴づけられた状態を想定して、何らかの原因のために地球への照射量が上がった場合を考えてみよう。二酸化炭素が海洋から気化して、温室効果が高まると考えられるが、様々な負のフィードバック作用が働き出す。まずは水の蒸発が盛んになり、雲が盛んに作られ日射を遮ってしまうし、大気循環が強くなって、高緯度への熱の輸送が高まる。もし気候がもっと暑い状態になれば高緯度地帯まで植物が繁茂するようになってアルベドを低下させるし、北極圏の凍結地帯が溶融してメタンを大気中に放出することも起こる。

別の作用が、海氷の生成があると働き出す。海氷はその下の海水を外界から遮断する働きをもち、さらには塩分濃度を高めるために熱塩循環のエンジン機能を高めて、赤道熱帯で受け取られた熱を高緯度地帯に運ぶことになる。

氷河期の始まりはゆっくりとしたもので、10万年もかかる。計算によると、少し日射が弱くなってそしてそれが続いた場合、その気候への影響は積算効果で大きな振れ幅になるが、約9万年もの時間がかかる。ところが、氷河期からの回復は急激に起こる。夏季の日照が強くなると、海氷が融け出す。すると海水は氷床を突き崩し始め、氷山が海に浮かぶことになる。この氷山は海流に乗って低緯度地帯へ運ばれて融け出し、海水準が上昇する。ここで正のフィードバック作用が温暖化を加速するように働く。氷のない海面が広くなると平均アルベドが低くなるので、平均気温が上昇し、海中から二酸化炭素を大気に放出し、それが温室効果で気温を上昇させるという正のフィードバック作用が働く。図38（120ページ）は、ゆっくりとした氷河期の形成と間氷期への急激な復帰の様子を示している。

この図は、二酸化炭素とメタンの濃度が気温と軌を一にしていることを示している。この相関関係は、氷河期が緩慢に形成されることと海洋の反応が素早いことがあって、海洋−大気間の平衡状態が常に維持されていることから成立している関係である。図38の時間スケールでは、気温と二酸化炭素濃度の反応速度は明瞭には見て取れないけれども、二酸化炭素の濃度は温度の変化に追従して変化しており、決して二酸化濃度変化が原因となっているわけではない。氷河期形成・回復の第一原因は、日照の変化であり、二酸化

第 5 章 地球の気候

炭素はその変化を増幅するという働きをもつのである。

　正のフィードバック作用が急激な気候変動の原因である。グリーンランド
の氷柱コア（GRIP, Greenland Icecore Project 1993）は、時間分解能が優れ
ていて、1世紀単位で気候の変動を示すことができた。これで見つかった急
激な気候変動は予想外のものであったため、確認のため他の色々な場所での
氷柱コア採取が行われた。その結果、この急激な気候変動は、グリーンラン
ドだけに限る現象ではないことが判明した。このことは、メタン濃度の急激
な変化が同時に起こっていること、それも高緯度だけではなくメタンを放出
する低緯度地帯も影響を受けていることを示唆しているのである。

太陽と地球気候

地球が太陽から受けるエネルギーの変動の起源

　地球が太陽から受けるエネルギー量の変動は、2つの起源がある。1つは
太陽そのものの活動性が不変でも地球軌道が変化することによるものであ
り、もう1つは太陽の活動性が変わることによるものである。

　これら2つ以外の変化要因の他に、追加で効く要因もありうる。本節では、
地球が銀河の中を移動して異なる環境になることは考えないことにする。

　ミランコビッチ効果によって地球が受けるエネルギーが減少すると、一般
的にはゆっくりとしたペースで氷河期に向かい、突然氷河期が終息する。氷
河期が形成されるメカニズムは複雑なもので、目立たないプロセスで増幅さ
れているのである。そのメカニズムがどのようなものであれ、日射の変化が
第一のきっかけとなる。その後、アルベド変化、海洋および大気循環プロセ
スが働くのである。全球凍結あるいは極地方に大陸がないという2つの場
合には、太陽照射変化の影響を受けない特別な例である。

　ミランコビッチ効果は、1万9000年以上の長い時間周期の気候変動を説
明する。それより短い時間スケールの気候変動が、気候データや炭素 14 デー

太陽と地球気候

タで見つかっている。

太陽活動の変化は太陽定数の変化として現れており、1つの活動サイクルの中でも変化するし、サイクルごとにも変化する（70ページ図20は、太陽活動サイクルの振幅が18世紀になって上昇していることを示している）。

地球とその大気が受ける太陽からのエネルギーのなかで、地球軌道の離心率によるものと、太陽活動によるものとは区別しないといけない。前者の場合、離心率が変化して地球 − 太陽間の距離が変わる。大気圏外で見たときの太陽スペクトルは距離によって変化するものの、その変化率は、波長によらない。地上に届く可視光線の変化率は、成層圏上空で吸収される紫外線の変化率と同じということである。地球軌道の変化が何世紀にもわたって変化しないとしても、地球が受けるエネルギーは太陽活動によって変化する。この場合は、太陽スペクトルの形そのものが変化する。すでにみたことであるが、紫外線変化はシュワーベ・サイクル内で変化する太陽定数の変化分の30％を占める。残りは可視光線と赤外線であるが、これらは光化学反応にほとんど寄与しない。紫外線がこの反応に大きな寄与をしており、成層圏の化学組成や熱的な構造を決めているのである。もう1つ付け加えないといけないのは、太陽活動が宇宙線の強さを変調していることである。以上のように、太陽軌道の変化という幾何学的な原因によるものと、太陽そのものの変化によるものとを区別して、太陽の地球気候への影響を考える必要がある。

地球気候に影響を与える色々な要因を調べると、次のようなことがわかる。火山活動の影響は、せいぜい1〜2年の短い期間であるし、海洋循環の影響は時間的に1000年程度の長い期間にわたる。この中間の時間スケールで起こる気候変動ももちろんある。この中間時間スケールの変動は、太陽活動の変化の時間スケールと近いことを以前に確認した。ここでは、太陽活動と気候の主要指標である気温と降水量との間の関連をみてみよう。

気温と太陽活動

地球気温と太陽活動の関係の研究は17世紀以降続けられてきた。当時は、

第5章 地球の気候

太陽の周期的活動は知られていなかったので、気温と太陽黒点との関連が調べられた。往時はデータの質や統計解析の手法の問題があって、まったく正反対の相関関係が得られるという状態であった。この理由は、大きく変動する気象データの中から、微小ではあるが重要な核心的な量を求めることが難しかったからである。今日では、そのための手法も確立し、シュワーベ・サイクルが確かに気候データにあることが確認されている。さらには、18.8年という周期も見いだされている。この18.8年という周期はおそらくは月の影響であろうと考えられているが、まだ詳しくはわかっていない。近年の解析から、太陽活動と気温の相関はさらに詳しくわかってきており、地域によって、正の相関である場合もあり、また逆に負の相関になるという結果が得られている。この一見矛盾した結果は、ある期間の間火山活動やその地域の特殊事情でシュワーベ・サイクルの影響が隠されたためであろうと考えられている。大気圏外からの衛星による地球平均気温の測定結果は、シュワーベ・サイクルと明らかに正の相関を示している（図44参照）。

1860年以降の気温とシュワーベ・サイクルの長さとの間には、正の相関があることがわかっている（図45）。図45には、1951～1980年の間の平均気温を基準として温度変化が示されている。両者の間の相関係数は0.95であり、非常によい相関関係である。シュワーベ・サイクル全体を見てみると、サイクルの強さはその期間の長さと反比例している。この図が示す関係は、図34（102ページ）に示したような太陽定数の変動とつじつまが合っている。特に、1940～1970年の気温の低下は、一部で小氷河期の開始かと恐れさせたものであった。

太陽と地球気候

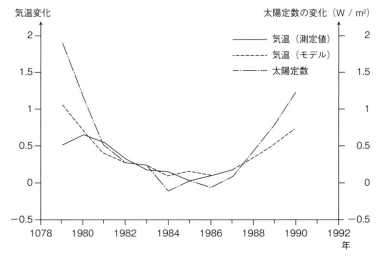

図44 太陽定数と地球平均気温の変動。 NIMBUS衛星で測定された太陽定数と地球の熱放射から得られた温度の比較（Lee, 1992による）。

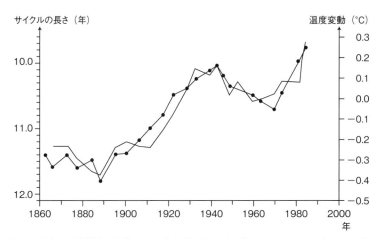

図45 地表面平均温度の変化。 1860年以降の北半球の値を、1951～1980年間の平均値からのずれとして示している（太い実線）。シュワーベ・サイクルの長さは、データポイント付きの折れ線で示されている。温度と周期の長さの間の変動の一致は顕著である。1940～1970年の間の、温度低下に留意してほしい（Friis-Christiansen and Lassen, 1991による）。

降水量と太陽活動

　前節と同じように、降水量と太陽活動の関係についても研究されてきた。研究によってシュワーベ・サイクルとの正の相関、負の相関あるいは無相関という結果が、対象となった地域ごとにまちまちに得られた。これには色々な理由が考えられる。どの理由を認めるにしても、太陽活動は海洋－大気システムにエネルギーを余分に供給するものであり、したがってハドレー循環を強化して、熱帯地方やそれに続く砂漠地帯を含む中緯度帯の降水量を増すものである。太陽活動と降水量の関係を明らかにするには、気候システムの反応が速いことが必要である。太陽に何らかの変化があったときに、大気が反応するのには時間的に遅れが生じる。シュワーベ・サイクルのときには 2 年の遅れ、グライスベルグ・サイクルのときには 7.5 年の遅れがあると見積もられている。この反応の時間遅れが、色々な相関結果が出てはっきりしない原因である。一方、アメリカの 1203 の観測所の観測結果は、統計的に意味のある結果が得られている。それによると、シュワーベ・サイクルに対応する降水変動は小さいが、別に 18.8 年周期の降水変動が見つかっている。その起源はまだ不明であるけれども。太陽－地球の関係を見る際に降水計データをそのまま利用することに問題があるとの議論がある。長期の変化を見るときには湖や川の水位データが、より良い指標と考えられている。大陸の広い範囲に降った水が集められるので、その地方の降水量の平均値を表しやすいという考えである。ところが、一筋縄ではいかない結果が得られている。アフリカのビクトリア湖の場合は、1900 〜 1925 年の間、興味ある変動を示した。その湖面水位はシュワーベ・サイクルと同期していたのである。ところがそのとき以降は同期して変動することがなくなった。アメリカの五大湖の場合は、この相関が微々たるもので予想を下回るものであった。ヨーロッパの多くの湖についても同様で、あまりはっきりしたことがわかっていない。

　気温と同様に、降水量についても太陽活動とは相関があるが、その振幅は

小さい。これは、太陽活動起源のエネルギー変化量が0.1％程度でその期間も短いためである。一方17世紀の太陽活動の変動は、通常の3倍も強く1世紀の期間も続いたのである。この期間というのは太陽 – 地球気候の関係を研究するためには貴重な期間なのである。

太陽が地球気候に及ぼす影響への疑念

太陽が地球の気候に与える影響があると考える研究がたくさん発表されているけれども、1世紀という時間のスケールでの気候変化が太陽起源であるということについては、それを認めず、そうではないと反論する気候学者がいる。その反論の基礎となることを以下でみてみよう。

海洋は莫大な量の水をたたえており、それが熱的に変化しにくいことと流れの速度がゆっくりとしたものであることから、世紀単位の時間スケールでは気候の変化を起こせないと主張するものである。実際上は、すべに述べたGRIP計画でそのような変動が観測されているし、ハインリッヒ・イベントやヤンガードリアスでも世紀スケールの気候変動が認められている。これらのイベント・エピソードは、数十年の時間をかけて寒冷気候がぶり返したもので、海洋の作用が原因と認められている。

もう1つ別の反論は、マウンダー・ミニマム（1645～1715年）の継続時間が、16世紀末から始まり18世紀の終わりまで続いた寒冷期の継続時間に比べて短いということに基づくものである。この反論は、一部には分析が単純すぎるということによる。実際、寒冷化は徐々に進行し、また徐々に復元したのである。太陽活動も1610年以降サイクルごとにマウンダー・ミニマムに達するまでその振幅が小さくなっている。ミニマム以降活動振幅は増加していくが、近年の太陽活動に比べてもしばらくはその振幅は小さい（70ページ図20参照）。パリとロンドンでの冬の厳しさと、炭素14から求められた太陽活動との間の相関（79ページ図25参照）をみると、マウンダー・ミニマムの継続時間より長い期間にわたって強い関係になっており、太陽活

第5章 地球の気候

動と気温の相関は良いものと考えるべきである。

　しかし、地球の気候は太陽定数のみによって決まっているのではない。気候は火山活動、大気および海洋の作用によっても同様に影響を受ける。これらは、マウンダー・ミニマムの継続時間とは異なる時間スケールで気候に影響するのである。この3つのメカニズムをもう少し検討してみよう。

　a）17世紀の寒冷期を説明するために、火山活動が提唱されたことがあった（図47のe参照）。1600年以降、何回も火山噴火が起きた。1600～1700年の期間では、気温と火山噴火との相関があるとは認め難い。17世紀の初頭以降、火山活動は普通であったのに、気温は低下していた。1700年以降火山活動は低レベルであったにもかかわらず、気温は上昇している。1783年の噴火（138ページ参照）はマウンダー・ミニマムの期間に起きたものよりも大規模であった。ところが、その影響は1年ももたなかった。一方、ダルトン・ミニマムの場合には、大規模噴火が太陽活動ミニマムの時期に頻発して（1815年のインドネシア・タンボラ噴火、1831年のフィリピン・バブジャン噴火、1835年のニカラグア・コシギーナ噴火）、噴火起源の寒冷期と解釈できるかもしれない。ところが、このときの噴火はマウンダー・ミニマムに起きたものより大規模であったものの、その影響は十数年程度であった。マウンダー・ミニマムの継続時間より短いので、少なくともマウンダー・ミニマムの時代の寒冷気候は火山噴火起源ではないと判断できる。

　b）マウンダー・ミニマムには、温室効果ガスの濃度はほぼ一定であり、温室効果がこの時期の小氷河期を説明することはできない。（図47の曲線b, c参照）

　c）海洋循環は、何世紀にもわたる時間をかけて影響が現れるものであり、いま考えているマウンダー・ミニマムあたりの寒冷気候を説明するものとは考えられない。

　太陽黒点数の減少から考えられる太陽定数の低下が、小氷河期を招いたということを確認するために、17世紀の太陽活動データをもとにして気候がどのようになるかをモデル計算することがなされた。色々な地域で計算され

太陽が地球気候に及ぼす影響への疑念

場所	温度変動（観測値）	温度変動（計算値）
ブリテン島	0.5 ～ 1	1.4
オランダ	1	1.5
パリ	0.8	1.5
ノルウェー南部	1.6	1.6
スイス	0.2 ～ 2	1.6

図46　気温の観測値と計算値の比較。各地で年輪年代学および花粉学的手法で得られた気温値と動的気象研究所の気候モデル計算の結果を示している（Sadourny, 1994 による）。

た結果と、その地域の年輪年代学および花粉学で求められた気温とを比較したものが、図46に示されており、よく一致している。

　同様の結果が、ゴダード宇宙科学研究所の気候モデルでも得られている。マウンダー・ミニマムの研究で気が付くことがある。気温と太陽活動とは強い相関があるけれども、二酸化炭素濃度とはあまり相関がないという点である。二酸化炭素濃度が関係しないということにおいては、その他の気候現象である中世高温期、シュペーラー、ウォルフ、ダルトン・ミニマム、古代の紀元前4000年、紀元前3300年頃の高温期、紀元前4100年、紀元前3000年、紀元前1600年の寒冷期等々でも気づくことである。これらの短期間の気候変動に対しては、二酸化炭素濃度が関与しないということであり、そのことは海水中の二酸化炭素と大気中の二酸化炭素が平衡状態に達するにはもっと長い時間が必要とするということを意味する。実際、上で挙げた色々な期間中、二酸化炭素濃度は280ppm[*]の一定値であったので、この二酸化炭素が短期の気候変動を起こしたとは考えられない。

　以上のことから、17世紀の小氷河期を起こした第一原因は太陽活動低下であり、それが物理化学的なプロセスで増幅されたものであると考えるのが正当であろうと思われる。

第5章 地球の気候

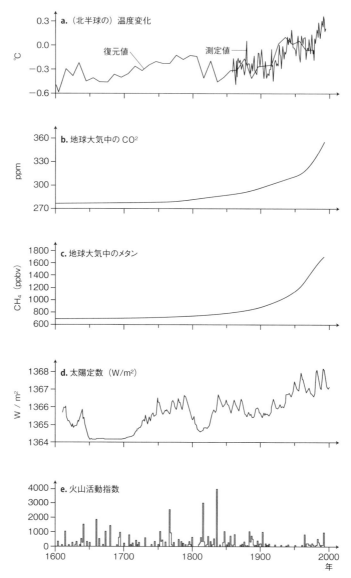

図47 温度（a）、二酸化炭素（b）、太陽定数（d）と、火山活動によるエアロゾル（e）の1600年以降の変遷。 a. 北半球表面気温の復元値（Bradley and Jones, 1993）；b. 二酸化炭素濃度；c. メタン濃度；d. 太陽定数復元値（Lean et al., 1995）；e. 火山エアロゾル放出量。火山の重要度は、噴火時の塵量に基づいて任意スケールで指数が決められている。1883年のクラカトア噴火の際、1000という値が定められており、これと比較して他の噴火の程度が決められている。タンボラ（1815年）は3000、アグング（1963年）は800である（Lamb, 1977による）。

太陽活動変動の増幅作用

　太陽活動は太陽定数を変化させる。エネルギーのスペクトル分布の変化、特に光化学反応に力を発揮する紫外線の変化が大きい。太陽定数が変わった場合、光の波長ごとにその影響と結果として起こる事柄を見てみよう。

熱塩循環

　海洋は何世紀にもわたる時間をかけて深層も含めて循環している。太陽定数の低下があると、その光の成分のうちの可視光線および赤外線変化はわずかであり、したがって気温の低下も微々たるものであるが、同時に中緯度帯の降水量を増やす働きがある。

　大西洋を例にとって考えてみよう。淡水が混じると塩分が下がり、熱塩循環エンジンの効率が落ちる。この循環流は温水をヨーロッパ北部に運んでいるものであるので、これが低下すると気温が低下する。言い換えると、初期の微小な変化を増幅する正のフィードバック作用である。海流がゆっくりと流れることを考えると、1世紀程度太陽定数が低下してもこのフィードバック作用は働かないであろう。この作用は、長期の氷河期の場合に働くものである。

紫外線の効果

　太陽活動サイクル22では、太陽活動によって紫外線強度が30％ほど変化していた。この比率が他のサイクルにも適用できるとすると、紫外線照射量の低下の影響を考える必要がある。特に生物にとって致命的な300nm以下の紫外線の低下の影響を考えないといけない。この低下があると、海水表面近くのプランクトンによるバイオマス（生物量）が増加するであろう。これらのバイオマスは、炭素の海水中への吸収や雲を作るディメチール硫黄の放出という作用があるのはすでにみたとおりである。紫外線量の低下は、初期の気候変化を増幅する正のフィードバック作用をもつのである。

オゾンと大気循環

紫外線の変動は、高度 12 ～ 45km の成層圏に存在するオゾン濃度にも関係する。242nm より短い波長の紫外線は、酸素分子を光分解して酸素原子を作り、この酸素原子が別の酸素分子と結合してオゾン分子を作り出す。一方、オゾン分子は紫外線照射でも分解されるし、自然生成あるいは人工の合成物の触媒反応でも分解される。オゾンの総量が 1978 年から 1992 年にわたって TOMS（Total Ozone Mapping Spectrometer）という装置で測定され

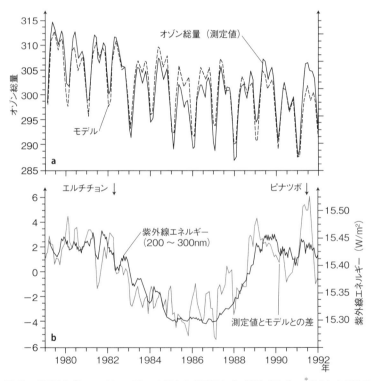

図 48　成層圏オゾン。a. 12 ～ 45km の高さの成層圏オゾン総量（ドブソン[*]単位）を TOMS で測定したもの。季節変化、準 2 年振動、長期線形低下を考慮したモデルを破線で示している。測定値とモデルの相違は、**b** に示されている。ここでは、11 年の期間で紫外線エネルギーが低下すると、オゾンが減少することが示されている。エルチチョン（メキシコ、1982 年）とピナツボ（フィリピン、1991 年）の噴火の時期が示されており、その影響の程度を見ることができる（Hood and McCormack, 1992 による）。

た（図48）。季節変動、成層圏の風系による準2年振動の他に、長期低落傾向が認められる。オゾン濃度のモデル計算は、季節変動、準2年振動、長期直線的低下を含めてなされたものである。このモデル計算と実測値との差は、シュワーベ・サイクルに沿っている。したがって、太陽活動が低下するとオゾンの濃度が低下するのである。オゾンは、9.6μmの赤外線を吸収する温室効果をもっているため、地表や高層の気温を変化させる。大気の高度変化（高さ勾配）がハドレー循環のエンジンであるので、この点からもシュワーベ・サイクルと低層大気の色々なパラメーターとの相関が説明できるのである。

宇宙線の影響

もう1つ別の気候増幅作用がある。それは、太陽活動によって宇宙線量が変化することに基づくものである。太陽活動サイクル22の際に、雲量が4％変動したこと、その変動は宇宙線量の変化と軌を一にしていたこと、したがって太陽活動と反位相であったことが観測された。2点ほど考えるべきことがある。1つは、地表での宇宙線量は太陽活動に依存するのではあるが、

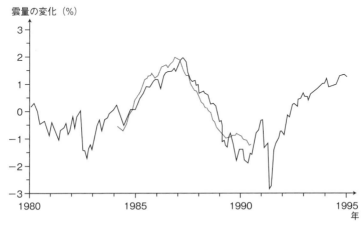

図49　海上の雲量変化。静止衛星で観測されたもので、12カ月平均値が太い実線で描かれている。月平均宇宙線量は、灰色の線で描かれている（Svensmark et al., 1997による）。

地球磁場は地質学的年代のスケールでは周期的に変わっていることである。もう1つは、地球磁場は赤道付近では水平に近い向きをもっており宇宙線が地球大気まで侵入できるかどうかという点である。近年では、宇宙線量と雲量との相関は高くなくなってきている。以上のような問題点がある。しかし一体どのようなメカニズムで宇宙線が雲を作るのであろうか。エアロゾルや大気中のイオンと同じように、雲を形成するプロセスというのは詳しいところが解明されていない。いずれにせよ、強い相関がみられたのはある1つの太陽活動サイクルだけである。この相関がビクトリア湖の例のように一過性のものではないということを確かめるためにはもっと長い期間のデータが必要である。

気候モデル

1つの現象を説明するモデルには色々なタイプのものがある。経験モデル[*]（エンピリカルモデル）というのは、数値や表形式で観測された現象を記述するものである。一方、物理化学的なモデルというのは、その現象を記述するのに必要な物理学および化学過程の方程式を立てることに基づいている。このモデルを作るには、関係するプロセス全体の詳細がわかっていることが前提となる。

気候モデルは3つのグループに分けられる。大気循環モデル、海洋循環モデルそして両者の結合モデルである。どのモデルでも、計算は地球上の多数の地点について行われる。この地点数が多ければ多いほど、計算時間がかかる。地点数をたくさん採ることは大事で、各大陸の特別な条件や大陸間および海洋とのアルベドの相違を考慮するのに必要である。このことから、高性能の計算機が計算シミュレーションには必要となる。

大気モデルは、水の相変化や大気を構成している気体の吸収・放出を考慮に入れて、大気の動きを計算するものである。そのモデルへの入力となるのは、大陸・氷河・海洋で異なるアルベド、大陸の配置と表面地形、海洋の温

度、大気の化学組成および波長ごとの光の照射量である。その出力量の主なものは、気温、風速と風向、降水量、湿気、雲量と氷の体積である。海洋循環モデルは、入力として大陸配置と風速・風向を用いて、海流、塩分と海氷の分布、水温を出力する。両モデルとも連続方程式、エネルギー保存式、運動方程式を同時に解いているのである。

　結合モデルは、上記2つのモデルを用いて全体として安定な解を求めることが目標である。大気循環モデルから出力される風系データが海洋モデルに適用される。海洋モデルはまたエネルギー輸送変調量を計算して、初期に与えられた条件が変わっていくことを計算する。このような計算が順次繰り返し行われて、2つの循環モデルに共通な物理量が最終的に落ち着くような安定な解を求めるのである。このようにして、最終氷河期の気候条件が国際共同研究 CLIMAP（Climatic Applications Project）で再現されたのである。モデルは、氷河形成のメカニズムを理解するのに役立った。特に、正のフィードバック効果、微小なエネルギー現象でも繰り返し起こると大きな気候変動を起こすことを明らかにしたのである。

　これまで述べてきた増幅効果は、その効率という点ではまだ全面的に認められているわけではない。雲量などのように、それをモデル化するのがかなり難しいのである。現在のモデルには、多くの効果が取り入れられている。しかし、今日でもすべての重要なプロセスが含まれているとは言えないのである。ではあるが、シミュレーションモデルは多くの重要なことを明らかにしてきた。

　a）太陽活動が活発になると、その熱的影響はまずは低緯度地帯に現れて高湿度をもたらす。同時に、それがハドレー循環に乗って熱帯域に影響が広がる。中緯度帯では、冬季多雨、夏季寡雨となる。

　b）太陽活動の上昇あるいは温室効果ガスの増加は、対流圏に対しては同じような熱的効果をもつ。ただし、温室効果ガスの増加による気温上昇は、緯度依存性が少ない。

　c）1880～1993年の期間については、黒点数から見積もった太陽活動

第 5 章 地球の気候

と二酸化炭素濃度で気温変化の 90％が説明できる。このうち 3 分の 2 が太陽活動起源である。

　d) 1700 〜 1993 年の期間については、気候変動の周期的変化はグライスベルグ・サイクル起源である。

＊＊＊

　太陽活動の変遷が気候の変遷に付随していることを示す色々な結果を考慮すると、太陽が 1 世紀程度の時間スケールの気候変動を起こす起源であると判断できる。17 世紀の小氷河期は、マウンダー・ミニマムに付随していたのであろう。1 世紀程度の短い期間の間での二酸化炭素濃度の変化は、気温の変化と揃っていないことも、気候変動の太陽活動起源説を支持する事柄である。しかしながら、太陽活動起源説は重要な反論にさらされている。それは太陽活動そのものがもつエネルギーの変化量が、気候データで見られるほどの大きなものではないという点である。これについては、増幅作用が働いているものと考えられている。その全体的な有効性が現在でも示されていないことが課題である。

第6章

将来の気候

第 6 章 将来の気候

　多くの観測、測定装置と計算能力の進歩があって、地球気候のメカニズム特に太陽の役割を部分的ではあるが説明できるようになってきた。この進展のお蔭で、現在では、温室効果ガスと太陽変動を考慮に入れて地球気候の将来的な変化を考えることができるようになった。

決定論とカオス

　人類の太古の記憶をたどっていくと、地質学的なあるいは天文学的な現象が、政治的な変動あるいは気候変動の徴（しるし）を示すものとして受け取られてきた。古代の人々は、季節は繰り返し巡ってくるが、降る雨の量や日照は一定ではないということをよく知っていた。この変動は人々に不安な気持ちを抱かせた。自然資源に頼り切っている地域では特にそうであったろうと思われる。新石器時代に農耕が始まって以来、気候には常に注意が払われており、来るべき収穫によって生活を支えないといけない人々にとっては大きな関心事であった。このようなことから、風や雨といった気象現象、太陽、月で起こる天文現象が、人間の振舞いに対する神の怒りや満足を表すものと考えられた。日食、彗星出現や太陽黒点発生などの天文学的現象が、戦争、伝染病、地震や気象変化に結び付けて捉えられた。

　何千年もの間農民は、これからの天気はどうか、明日は雨が降るだろうか、大事な生育物を失わないように準備が必要かなどと頭を悩ませてきた。経験的な知識が積み重なって、数多くの諺（ことわざ）が生まれて、20 世紀の終わりでも使われているほどである。

　過去には大きな気候の変動があった。冬はすべてが凍りつくほど極めて厳しく、夏は冷涼多雨のため万物が朽ちることが何十年も続くことがあった。気候が穏やかで作物が豊かに実ることもあったし、極端な乾燥気候が続くこともあった。西ヨーロッパやアジアでは、農産物の出来高、収穫量を 1000 年あるいはそれ以上の期間記録してきた。これは、そのことにいかに関心が払われてきたのかを示す証左である。

174

ヨーロッパでは、ルネッサンスが科学的考察の転換点となった。

近代天文学の先駆者であるコペルニクスやケプラーは、アリスタルコスの宇宙像すなわち太陽系の惑星は太陽を中心として回転しているという描像を復活させた。ケプラーの偉業は、天体の運動を簡単な法則で記述できたことである。観測値に現れる幾許かの不規則性を無視して簡単な法則にまとめたことが大事な点である。これは、哲学者ガストン・バシュラールが「新しい科学的精神」の中で述べていることであるが、「この世界が、統制がとれているような描像で捉えられるためには、発見された諸法則が数学的に簡単であることが必要である」という考え方に沿うものである。

望遠鏡の発明以降、観測は洗練されて、現在では宇宙は万有引力の法則によって理解されている。したがって、大きなスケールでみた宇宙像は、計算をすればすべてがわかるという決定論的な性格を帯びている。

そのような時代であっても、世界が決定論的に定まっているという考えにそぐわないことがあった。人類は何千年もの間、不規則で気まぐれなことが起こる世界で生き延びてきたのである。

天体現象では、17世紀に非回帰的で予想ができない事柄が見つけ出された。太陽黒点である。その出現は予想もつかないことであった。その周期性は2世紀後になって初めてわかったことであるし、マウンダー・ミニマムのときには黒点出現率は17世紀初めに比べて少なかったことから、黒点の出現は非合理的なものと考えらえたのである。この非合理性は、整然と秩序立った天体の世界の描像を突き崩したのであろうか。

17世紀ヨーロッパは、数十年の間寒冷な気候が続いた。世界の他の地域もそうであった。カッシーニはこの季節の不順の理由を色々考察した。彼だけではなくヨーロッパの何人もの天文学者が太陽と気候の関連を研究した。このことにより、科学的な仮説が迷信を打ち破り始めたのである。このとき初めて、太陽と気候の間の関係が正確な言葉で語られだしたのである。

地球の気候の進展を予想するには、地球と太陽でできているシステムが巨視的なスケールでは決定論的に定められることが必要である。そのことを保

第6章 将来の気候

証するためには、2つの道筋がある。観測と理論である。どのような場合でも、観測は理論の計算が正しいことを証明するためになくてはならないものである。

　すでに我々は太陽黒点の観測から太陽定数を復元できることを確かめた。黒点数を用いると、太陽定数が決定論的に求まるのである。マウンダー・ミニマムにこの考えを適応したときに良い結果が得られたので、1世紀程度の期間であるならば将来の気候変化の予測もできそうである。

　第3章でみたように、あるサイクルの観測から次のサイクルの太陽活動の振幅が予測できそうである。短い年月の期間ならば気候変動の予測ができそうである。

　もっと長い中期的な期間での太陽活動の変遷を予想することは、もっと難しい問題である。10年単位の太陽活動は厳密には周期的ではなく、大きな異常性を示している。シュワーベ・サイクルの長さは、平均すれば11年ではあるが8〜13年の間で変動する。何サイクルも先の周期をあらかじめ予測することはできていない。太陽活動サイクルはその意味で決定論的ではない。さらに、この活動サイクルは、マウンダー・ミニマムのように消えてしまうという異常性を示す。太陽活動の変化は、完全にランダムでもなく決定論的でもない。むしろ、数学的にはカオス的な振舞いをしているようである。もし、関連するすべてのメカニズムを取り入れることができたら、この複雑な振舞いに説明がつくであろう。関係するメカニズムの数が膨大のものでなければ、未来予測も可能であろう。現在の問題点は、太陽活動に関与しているメカニズムをすべて見出すことが困難であることである。

　短期の気候変動についても同じような問題がある。四季は定期的にめぐってくる。しかしながら、穏やかな冬の後に多雨の夏がやってくることもあれば、夏も冬も厳しい年もある。寒冷期や高温期の継続は、どうも決定論的に定まってはいないように見える。ここにも、カオス的な振舞いが現れている。もっとも、気象データというのは様々な要因で変動するので、それを統計的に取り扱うには細心の注意が必要ではあるが。

様々な要因が絡んでいる。太陽活動、火山活動、海洋・寒冷圏・生物圏間の相互作用があり、それぞれにフィードバック作用を伴っている。システムが複雑で、気候システムを記述する方程式の数は膨大なものになる。高性能高速計算機が発達はしてきてはいるが、未だすべての現象をシミュレートできる段階には達していない。いましばらくその発展を待つ必要がある。

　以上のことから、気候の進展を予測するには、過去に観測された太陽活動サイクルを基礎として、それがずっと継続するものとして決定論的な推論をせざるをえない。この仮定は、十全のものではない。気候というものは、氷河期の到来のように決定論的な振舞いをすることもあれば、カオス的な振舞いもする。この特徴は、太陽そのものと地球そのものの性質からきているのである。大量絶滅があったにもかかわらず、39 億年の長い間生命が続いてきたということは、気候が長い間、平均的には温和な状態であったということ、そしてそれには負のフィードバック効果が多く内在していて、全体としての安定性を保ってきたということを示唆する。

　過去に経験した気候変動には、氷河期や高温期があった。生物の色々な種は幾度となく困難な状況に陥ったであろうが、生命そのものは時には姿かたちを変えて進化してきたのである。長い時間スケールでみた場合、気候は生物進化の 1 つの要因であったと思われる。一方、1 世紀程度の短い時間スケールでは、人類は気候の変化に敏感に反応・適応したのであった。困難はあったであろうが、人類は大氷河期を生き抜いてきたのである。厳しい氷河期の最厳寒期に、人類はより良い環境の所へ移動したのである。生き延びることができたというのは、寒冷気候に追われて未開の地へ移動し、その地で新しい環境になじむことができるという人類の特徴が役に立ったのであろう。

　実際上は、色々な状況であったであろう。例えば、ヨーロッパ北部が徐々に氷に覆われていったとしよう。寒さに追われた人々は、南あるいは西へ移動すると思われる。高温期も同じように民族の移動が起こったであろう。最終氷河期のときに、寒冷化が徐々に進んだことが民族の移動する余裕を与えたであろう。民族移動の例が、4 世紀末と 5 世紀の東方民族の西ヨーロッパ

への侵入である。一方、古気候学の資料によると急激な気候変化が起こったこともある。それも人の一生のうちでの時間スケールでの話であって、これには注意を払うべきである。人口が増大し、振幅が小さくとも急激な気候変化が起こるときには問題解決には急を要する。新しい環境になじむ時間の余裕がそれほどないからである。

現在の世界の人口は60億人を数えるようになってきており、エネルギー、資源、水の需要を賄える地域内に住んでいる。生存条件に恵まれた国々もあれば、そうでもない国もあるという状況で、人々は生活レベルをより良い方向に進めようとしている。このような状況であるから、原因が何であれ気候変動が起こってもたらされる新しい環境に慣れるためには、この先数十年の気候変動を予測することが必要である。そして、そのことを考慮して、理性的な対処策を講じることが必要である。

中長期の気候変化

次の大氷河期

決定論的な立場で考える。ミランコビッチ効果は天体の運動の計算をすればよいので、予期できることである。大寒気は2万5000年過ぎないと現れないし、氷河期の程度は徐々に厳しくなって9万年後に最大になると考えられている。その振れ幅と継続時間は40万年周期項がどれほど10万年周期に影響を与えるかという観点から現在精査されているところである。堆積学の調査によると、36万年前と42万5000年前の間氷期（120ページ図38参照）は、それ以降の間氷期に比べてかなり長かった。これが適用できるとすると、次の間氷期・氷河期の継続時間は短いであろう。何千年という時間スケールで大氷河期の再来を考察することはどうしても推測が入る。しかしながら、ミランコビッチ効果は決定論的なものであるので、氷河期が再来するのは確かであろう。

太陽起源の小氷河期の再来

本節の対象は、17 世紀に起きたタイプの氷河期のことであり、太陽の地球気候に与える影響を考察するきっかけとなった現象である。図 43（155ページ）にある炭素 14 のデータは、2300 年の周期性を示している。その起源はまだはっきりとしてはいないけれども。この炭素 14 の極小の時期が、マウンダー・ミニマムと一致している。この傾向が続くとすると、次の小氷河期が 3950 年に来ることになる。この年代はこの章で想定している 1世紀程度という未来よりずっと先のことではある。これに関連していうと、2300 年周期のハルシュタット変動の極大が 2800 年にやってくる。太陽活動はその極大に向けて、平均的には上昇していくということを意味する。現代の温暖化は、小氷河期が終わって温暖化に向かうという傾向がある程度寄与していると思われる。

19 世紀初頭からの気候状況

図 34（102 ページ）が示すように、気温は一定のペースで上昇してきており、0.5℃というレベルに達している。気温は、1910 年まで明らかに上昇し、それ以降は 1940 年に小休止して 1970 年まで低下したものの、再度上昇している。20 世紀末では、これまでにない高温になっているのである。20 世紀で夏が暑かった時期を 8 つ選ぶとすると、それらは 1980 年から 1992 年の間に集中しているのである。暑い夏が 1 度あっただけなら特別なこととは認められないけれども、暑い夏が連続するというのは、何らかの意味をもっているのである。近年の観測の精度は高く、測定が不正確であったわけではない。多くの事実が温暖化を示している。気温上昇は昼夜で異なっている。夜間の方が温暖化の程度は大きいのである。昼間、日射を反射するエアロゾルの働きが温暖化の主因ではないことを意味する中緯度帯での氷河の衰退や植物成長率の大きいことなど、20 世紀の温暖化を裏付ける間接的な証拠も

ある。我々現代人は、地球温暖化の途上で生活をしているのである。

1650年から1800年までの間で、気温は0.25℃上昇した。このとき、太陽定数は$2W/m^2$上昇していた。1800年以降現在までも太陽定数は$2W/m^2$の上昇を示したが、気温上昇はそれ以前の倍近いものであった。これまでにない大きな気温上昇については、色々な議論を呼んだ。太陽定数から気温を推定する方法の問題、未知の温室効果、アルベドや塵埃の影響が議論の中心であった。太陽定数の上昇分だけでは温暖化に足りないため、最終的に人為起源[*]による温室効果が一番可能性のあるものと判断された。

地球温暖化が導くもの

駆け足ではあるが、気候が寒冷化するときに起きることはすでに述べた。温暖化も寒冷化に負けず劣らず重大なことである。ここでは、社会生活、環境、経済の分野には立ち入らず、地球物理学的な観点から温暖化が引き起こす事柄をみることにする。

海洋の膨張

小さい順に考えて、大陸氷河、グリーンランドそして南極の氷河の全融解が、温暖化の影響で起きたとする。水の体積が増えることによって、それぞれの氷の融解によって、海水位が35cm、7mそして65m上昇する。海水位がこのように上昇すると、オランダ、デンマーク、ドイツ北部は水没するであろうし、アイルランドは2つの島になってしまうであろう。また、海水は陸地内に河沿いに浸入して、例えば、ローヌ川沿いではスイス国境に近いジュラ地方まで到達するであろう。西ヨーロッパに限ってもこうである。

とても幸いなことには、現在のモデルが予想するところは、前段落の予想よりはもっと穏やかなものである。2040年の海水面上昇は20cmで、21世紀末には60cmになるという予想である。この予想値が小さくなったのは、南極環流のお蔭で南極大陸が孤立して、熱帯の暖流が南極の氷河を融解

地球温暖化が導くもの

することが避けられるからである。この予想通りになるかどうかについては
別の問題が関係する。それは、隆起を続けている大陸があるからである。実
際、バルト海の海底は1世紀当たり1mのペースで隆起している。さらに、
この予想は人間の経済活動による温室効果ガスがそのまま変わらないと仮定
したものである。実際、21世紀にこの分の寄与がどうなるかは不明である。
いずれにせよ、ドナウ川、ローヌ川、ナイル川、ガンジス川、メコン川……
と続く大河川のデルタ河口地帯は水没の危険性があり、バングラデシュ、オ
ランダ、環礁、島嶼もそうであることは記憶しておいた方がよい。世界の人
口の50%は、海岸から50km以内の地帯に住んでいるのである。

　次の世紀に世界の平均海水準が上昇するのは、もちろん、計算による予想
であって、その計算の仮定については色々議論されている。一方、海水位は
仏米共同ミッションであるTOPEX/POSEIDONによって、宇宙空間から測定
されている。季節ごとに大きな変動が見つかっているが、1992～1996年
で平均すると年1.6mmの上昇ということが求まっている。まだまだ継続し
て測定する必要はあるけれども、この値は過去1世紀の海面上昇のペース
とほぼ一致しているのである訳注1)。

降水

　気温が上昇すると、赤道域での蒸発が盛んになり、熱帯地方に雨を降らせ
ることが多くなる。第5章でみたように、これに伴って砂漠化をもたらす
大気下降流域が中緯度帯にも広がる。こうなると、アルベドを変えるべく
緑地化しようとしても得るところが少なくなるのである。モデル計算による
と、温暖化が進むと中緯度帯で冬季に降水が多くなる。温暖化の原因が二酸
化炭素の増加である場合には、植物の成長にとっては好都合となる。この負
のフィードバック効果は、気候を安定化するように働く。問題は簡単ではな
い。別の面では、温暖化により熱帯性の台風がより一層起こりやすくなると
いうことがある。

訳注1) IPCC AR5レポートによると、1971～2010年の測定では、年約2mmの上昇となっている。

181

第 6 章 将来の気候

短期気候変化の原因

炭素 14 のデータによると、短い周期の太陽変動にはハルシュタット、ス
エス、シュワーベのサイクルがあり、それぞれに従った日照量の変化がある。
その振幅は小さいものであるが。このような外的な変動を増幅あるいは減衰
させるフィードバック効果をこれまで確認してきた。

この短周期の変動は、1 世紀程度の時間スケールの気候変動に関連する。
現在これについては、2 つの原因が取り上げられて議論されている。太陽活
動（仮説 A）と人為放出物質（温室効果ガスとエアロゾル）（仮説 B）の 2
つである。

この 2 つの仮説については熟慮しないと正しい判断はできない。前者の
場合、温暖化の直接の原因には責任がないため、環境のことに配慮しなくな
るということが起きる。後者の場合、メタンを発生させるからという理由で
牧畜を槍玉に挙げるような形で、社会が必要とすることを廃止あるいは抑制
させることに進む可能性がある（第 5 章参照）。仮説 A、B ともに簡明で証
拠立てしやすいものである。しかし、実際は第 3 の場合なのである。21 世
紀には太陽活動は活発になるし、人為放出物質も増加するであろう。このと
きの状況はもっと先で検討することにしよう。

現在の学会でも、大気の温暖化に関してはその原因についての意見が一致
しているわけではない。なぜなら、気候システムについての知見が、十全と
は言えないからである。であるので、慎重ではあるべきである。しかしなが
ら、近年の科学的な解析により、状況が変化してきた。以前は人為物質が第
一原因と考えられ太陽の影響はそれに次ぐという立場であったのが、太陽の
影響も確かに大きいという流れになったのである。

例えば、アメリカのマーシャル研究所の 1992 年の報告には、「過去数百
年間、太陽が決定的な影響をもっており、温室効果はそれほどではなかった」
とある。

その２年後、質疑応答の形で編集された同じ報告書には、以下のようになっている。

「質問：太陽活動の変化は、直接的に地球表面の気温に影響をもっているのでしょうか」。

「回答：はい、そうです」。

それに加えて、国際的な学術雑誌にＡあるいはＢを支持する論文が多数出版されており、興味深い、そして、時には熱情的な議論が始まっている。

仮説Ａ：太陽独自の原因による 21 世紀の気候変動

この仮説に従って予想を行う場合、過去に見つかっている太陽活動の周期変動情報を利用する。この周期変化が変わりなく続くことを前提としている。ここでは、温室効果の影響を考えずに太陽変動のみで予想されることを取り扱う。

11 年のシュワーベ・サイクル、90 年のグライスベルグ・サイクル、200 年のスエス・サイクルが、1000 年間の気象データからフーリエ解析で浮かび上がっている。その位相と振幅は、図 50 のとおりである。

周期	振幅	位相
シュワーベ	0.01℃	1986
グライスベルグ	0.15℃	1810（ダルトン・ミニマムの中央）
スエス	0.30℃	1690（マウンダー・ミニマムの中央）

図 50　シュワーベ、グライスベルグとスエス・サイクルが気候に及ぼす影響の振幅と位相（Damon and Jirikowic, 1992 による）。

これらの気温変化の周期成分の様子、およびそれらを加えた総合変化が図 51 に示されている。この変化は、実際観測されたものと酷似している。特に、1900 年代初頭の寒冷期はスエス・サイクルの極小とグライスベルグ・サイクルの極小が同時に起こっている時期である。また、1940 年代の高温期もスエス・サイクルの変動とグライスベルグ・サイクルの変動の重なりで説明

がつく。

　もし、太陽活動の周期変化がこのまま続くとすると、気温が最高になるのは2040年と予想される。ここで紹介した研究の著者たちは、温暖化は太陽活動と温室効果の両者が働いているはずで、21世紀の中頃、本当に気温の最大値になるかどうかで両者の効果を明瞭に切り分けられると注記している。この研究では、温室効果と太陽活動が共同で温暖化をもたらすけれども、徐々に太陽活動の寄与が高まるのかもしれないと述べている。ハルシュタット・サイクルが上り坂であるからである。この研究は、1992年に発表されたものであるが、太陽活動は上昇していくと予想している。実際1950年代の太陽活動は強いものが多く現れていた。太陽活動サイクル23の振幅はサイクル22より低くなるであろうという予測もある。

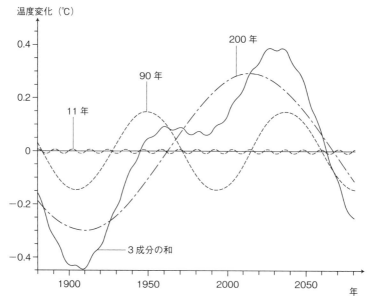

図51　太陽変動だけが原因で予想される21世紀の温度変化。炭素14の濃度変化から過去の太陽活動を復元できる。その1000年にわたる変化の解析から、シュワーベ（11年）、グライスベルグ（90年）とスエス（200年）の周期変動が見出されている。この周期的な変化が21世紀にも継続するものとすると太陽活動がどのように進化するかを予想することができる。この研究によると、太陽活動は2040年の最大に向けて上昇する（Damon and Jirikowic, 1992による）。

過去の黒点観測が最近再調査されている。ウォルフは太陽活動の指標として黒点と黒点群を使用した。1609 年以降、多くの人が黒点観測を始めたものの、個々の黒点を同じ精度で観測することは難しかった。黒点群は、その点見つけやすかった。そこで、黒点群を用いた指標が作り出された。ウォルフ数と呼ばれる指標で、定常的に測定されるようになり、19 世紀初頭の17 年に及ぶ長いサイクルのような異常現象ももれなく捉えられるようになった。再調査の結果、1882 年以前の太陽活動は、従来考えられていたよりも低かったのではないかということがわかった。20 世紀の太陽活動は 18 世紀、19 世紀の活動より強かったのである。これは、太陽コロナの磁場が 20 世紀には以前の倍程度であるということにも符合する。太陽活動を考慮に入れることは、21 世紀の気候予想を確かなものにするためにも必要なことである。

仮説 B：人為放出物質による 21 世紀の気候変動

人為放出物質による気候変動としては、二酸化炭素、メタン、亜酸化窒素、オゾン、クロロフィルオロカーボン（CFC）とその代替物質による温室効果ガスの放出が原因と考えるものである。この放出は、自然界にあるものに加えて、人間活動によって付加されるものの影響を考えるのである。上にあげたガスのうちで、CFC とその代替物質のみが純粋に人為放出物質である。

温室効果ガスは対流圏の気温を上昇させる（第 5 章参照）ので、その影響が地球全体にどう及ぶかを議論するのである。この役割は、地表から放出される赤外線を吸収するだけではない。対流圏は温めるが成層圏を冷却して、大気の流れを変えるのである。高緯度地帯では、成層圏の冷却は、極成層圏雲を作り出し、それがオゾンの破壊に働くのである。また別種の人為放出物質である工業エアロゾルの放出は、寒冷化に向けて効果をもつ。

二酸化炭素

二酸化炭素濃度は、1800 年以降一定のペースで増え続けている（166 ペー

第6章 将来の気候

ジ図47)。メタンも同様である。近年のこの2つのガスの濃度は、過去の氷河期‐間氷期のように気温の変化と軌を一にしていない（120ページ図38）。この違いの理由を探るためには、まずは炭素が土、植物、大気、海洋にどのような比率で蓄えられているかを見てみるのが適切である。

1800年の工業化が始まる前は、二酸化炭素の濃度は280ppmであり、大気中に550Gtの炭素があった。ほぼ同量が植物に蓄えられている。植物は光合成により、年間130Gtの炭素を吸収するが、同量を有機物質の劣化（酸化）により大気に放出してきた。海洋と大気の間での炭素のやり取りは、年間100Gtが温水で放出されて、同量が極の冷水で吸収されてきた。上記2つのやり取りはそれぞれ釣り合いが取れていて、大気中の炭素の量は一定状態を続けてきた。

貯蔵箇所	質量（Gt）
土壌	1580
1800年前の大気	550
1994年の大気	750
植物	600
海洋	38000

図52 二酸化炭素の様々な貯蔵箇所。単位は、10億トン（Gt）。（Climate Change, 1995 による）。

ところが、1800年以降、炭素のやり取りは続いてきてはいるが、大気中の炭素の量は増え続けてきており、今日では空気中の炭素は750Gtになっている。化石燃料による大気への炭素の放出は、年間5.5Gtであり、これに年間1.6Gtの森林破壊分が加わる。一方、北半球での森林化は、炭素を年間0.5Gt吸収する。最も大きな貯蔵庫である海洋の炭素貯蔵能力は海水循環の速さと水温に依存する。海洋は大気に比べて50倍もの量を貯蔵しており、もっと大量に貯蔵する能力がある。ある見積もりによると、年間2Gtの炭素が海水と海洋生物に吸収される。しかし、海洋循環の速度は遅く、それを上回るペースで新たに放出されているので、すべてを吸収しきれていない。この結果、大気中に二酸化炭素が蓄積される。年間3.6Gtで年間0.4％の増

加率になっている。

現在の大気は化学的には平衡状態ではなく、二酸化炭素濃度は指数関数的に増加しているのである。しかし、もし大気への放出が一定になったとすると、平衡状態に落ち着く見込みはある。そうなると、大気中の炭素量の影響ひいては気候システムへの影響は、森林破壊などの活動が問題となってくる。

問題となるガスのうちで、単位体積当たりの温室効果が一番小さいのは二酸化炭素である。ところが、大気中の総量を考えると、この二酸化炭素による温室効果（あるいは、追加の温室効果）が最も寄与するのである。

種類	寿命 (年)	C^{1800} (ppb)	C^{1994} (ppb)	％ / 年	温室効果 #	温室効果
二酸化炭素	5 〜 100	280000	358000	0.4	0.000018	1.6
メタン	12	700	1720	0.6	0.00037	0.5
亜酸化窒素	120	275	312	0.25	0.0037	0.14
CFC	100	0	0.5	0	0.28	0.25
HCFC	12	0	0.1	0.5	0.19	0.02
HFC	8 〜 260	0	?	?	0.11 〜 0.35	?

図 53　温室効果ガス。表の左から右の順に、寿命、工業化（1800 年）以前の濃度（C^{1800}）、それ以後の 1994 年時点の濃度（C^{1994}）、年あたりの増加率（％ / 年）、単位体積当たりの温室効果（＃値）、ガスの総量を考慮した温室効果（W/m²）を示している。濃度は ppb 単位値である。ppb は 10 億分の 1 を意味する。例えば、1994 年当時、二酸化炭素は 358000ppb の濃度をもち、大気中に 0.0358％含まれていることを意味している。CFC の値は、一番多い CFC12 のものである。HCFC の値は、最もよく利用されている HCFC12 のものである（出典 Climate Change, 1995）。

メタン

メタンの年間総発生量は、5.35 億トンであって、そのうち 70％が人為のものである。メタンは対流層内の水酸基によって破壊されるのと、土壌に蓄積されることによってその増加が抑えられている。水酸基はオゾンと水蒸気から作られる。オゾンは紫外線で分解され活性酸素原子を作り、それが水蒸気に作用して水酸基を作るのである。その他に、窒素酸化物が働いて水酸基を作る作用もある。水酸基の濃度を測定するのは難しいが、1950 年〜1985 年の期間で 25％減少したと考えられている。大気中の水酸基が減少

することによって、メタンの濃度の平衡が破れて大気中の濃度が上昇することになる。二酸化炭素の場合と同じである。メタンの循環サイクルはよくわかっていないところもある。大気中の濃度は増加してはいるが、一定のペースではなくて1992年にあったように小休止することがある。この小休止はピナツボ火山が原因かもしれないと考えられている。

亜酸化窒素

このガス濃度も大気中では増加しているものの、不規則的である。このガスは太陽紫外線によって成層圏で破壊される。温室効果に対する寄与はそれほど大きくはない。

CFC、HCFC と HFC

クロロフルオロカーボン（CFC）には多くの種類があり、そのうちで一番多量にあるのはCFC12である。CFC12の増加率はモントリオール議定書が1987年に締結されて以来ゼロである。ハイドロクロロフルオロカーボン（HCFC）の中では、HCFC22が最もよく利用されているガスである。これもモントリオール議定書で、塩素による成層圏オゾンの破壊を防ぐために規制対象とされた。一方ハイドロフルオロカーボン（HFC）は、塩素を含んでいないけれども、温室効果が非常に高くそのため規制対象とされた。その放出は増加しており平均50年の寿命をもつので、蓄積することが心配されたのである。人工合成ガス全体による温室効果は、現在、二酸化炭素の15％程度である。しかし、HFCはまだ使用量は少ないけれども、もし大量に放出されると二酸化炭素よりも温室効果が5000倍もあるので、注意を払うことが必要である。

オゾン

対流圏のオゾンは、メタン、酸化窒素や一酸化炭素と化学反応、光化学反応をして作られるし、また成層圏から直接供給されることもある。このこと

については正確なところはまだ不明であるが、その濃度は工業化時代以降増えている。温室効果に寄与するのは、$0.2 \sim 0.6 W/m^2$ 程度で、時と場所によって大きく異なる。オゾンは、CFC、HCFC や HFC などの人工合成ガスよりも温室効果への寄与は重大である。これらの人工合成ガス、亜酸化窒素、対流圏オゾンをあわせた温室効果は、総量で比べると二酸化炭素の 50％になる。対流圏のオゾンは、CFC や HCFC 内の塩素や臭素を触媒として一部破壊される。これらの合成ガスは使用が禁止されているけれども、その寿命が長いためにその影響は 21 世紀まで続くと考えられている。オゾンの減少そのものは $0.1 W/m^2$ 程度温室効果を和らげる。

人為エアロゾル

エアロゾルは、一方では太陽入射光を吸収したり散乱させたりして放射光のバランスに影響をもつし、他方では水蒸気凝結の核となって大気のアルベドを変えるという働きがある。また、地表に降った雨からも形成される。その役割を正確に評価することは難しい状況である。人為的なエアロゾルは、その地理的な分布は一様でなく、工業活動の盛んな地帯である北アメリカ、東アジア、ヨーロッパに偏っている。植物などの燃焼によるエアロゾル生成も時と場所によって変化する。この 2 つの人工エアロゾルによる温室効果は $-0.5 W/m^2$ であるが、$0.6 W/m^2$ 程度の不定性がある。

温室効果の差引勘定

図 53 に記されている色々な温室効果を差し引きすると、全体としては $2.5 W/m^2$ となり、誤差は $0.4 W/m^2$ 程度である。この値にエアロゾルの寄与分（$-0.5 W/m^2$ で、誤差は $0.6 W/m^2$）と、対流圏・成層圏のオゾンの寄与分（$0.3 W/m^2$ で、誤差は $0.2 W/m^2$）を付け加えないといけない。したがって、温室効果は総計として $2.3 W/m^2$ で、統計的な誤差は $0.7 W/m^2$ となる。

エアロゾルは、負の温室効果を示すものの、その働きは場所によって異なり、いまだ詳細にはわかっていない。地域ごとに働き方が異なると、大気循

第 6 章 将来の気候

環の様相を変えることが起こり、その影響はかなり広い地帯に広がることも
ありうるのである。

　火山噴火もエアロゾルの供給源である。この噴火は時と場所によって大き
く変動する。巨大噴火の場合には、正の温室効果全体に勝るような負の温室
効果が働き、大気の寒冷化を招くこともありうる。

　この 2.3W/m^2 という温室効果の値は、太陽エネルギーの変動と同程度の
大きさであるので、気候に大きな影響を与えることが心配されるのである。
この値の大きさが、人為放出物質で温暖化がもたらされる可能性についての
考察の出発点となっているのである。

現在の気候変化とそのモデル化

　現在の状況を分析するためには、3 つの因子を考慮に入れる必要がある。
太陽、温室効果ガスそしてエアロゾルである。

　温室効果ガスは温暖化に、エアロゾルは寒冷化に働く。モデルを作ってい
る研究者ごとにパラメーターは少々異なるが、前節に述べた値に近いものが
使われている。しかし、それぞれのパラメーターには誤差があることを忘れ
てはいけない。例えば、温室効果ガスの効果は、2.3W/m^2 であって、その
誤差は 0.7 W/m^2 とかなり大きい。地球気候システムのフィードバック作用
を考慮すると、値がとりうる可能な範囲の 1.6 W/m^2 から 3 W/m^2 に変わる
と、ほぼ 2 倍の大きさとなるので注意を払うことが必要なのである。

　上で述べた 3 つの気候に与える因子は、シミュレーションモデルでは各
因子を個別に、あるいは組み合わせてその影響が評価される。太陽を S、エ
アロゾルを A、温室効果ガスを G と表すことにする。多くのシミュレーショ
ンモデルが作られているが、ここではそのうちの 2 つを参考にする。

　最初の研究は温室効果ガスとエアロゾルを組み合わせて考えるものであ
る。このモデル計算の結果は、近年の実測値とおおむね一致しており満足で
きるものである（図 54a）。ところが、短期の変動を説明できていない。例えば、

現在の気候変化とそのモデル化

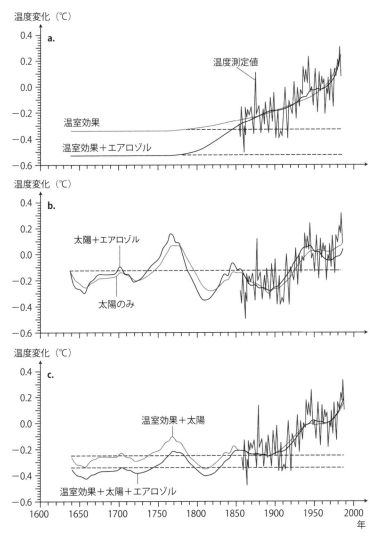

図 54　温室効果、エアロゾルと太陽変動による気温変化のモデル。観測された気温値との比較をしている。**a.** 温室効果とエアロゾル；**b.** 太陽活動とエアロゾル；**c.** 温室効果、太陽活動、エアロゾル。平均気温の実測値は、気候が振幅は小さいもののカオス的にそして急激に変化する性質を示していることに留意されたい（Schlesinger and Ramankutty, 1992 による）。

第 6 章 将来の気候

1810 〜 1830 年、1910 年頃、1940 と 1970 年の間の寒冷気候を説明できない。このような短期変動は、太陽の変動を含めて初めて説明が可能になる図 54b）。エアロゾルは、ダルトン・ミニマム（1800 〜 1830 年）のようなときに寒冷化を強める働きを示している。短期間の気候変動は、太陽活動の変動を考慮に入れて初めて説明できることに注意しておこう。この種のシミュレーションは、太陽活動振幅を太陽放射変動に結び付ける理由づけが明確ではないという点があり、その点をよく批判される。

　このため、また別のアプローチでシミュレーションモデルが作られている。それは、より確かなデータである太陽周期の長さを利用するものである。温室効果ガスは長期の気温変化を引き起こし、打ち続いた火山噴火で作られたエアロゾルで 1980 年代の寒冷期を説明している。この傾向に太陽活動の短期変動を付加すると、最初の研究と同じように、実測をより良く説明できるようになっている。

　ところが、太陽活動の変動のみに限ったとしても気候変動は実測気温に近い値が得られている。次の表はシミュレーションモデルと観測値との一致度を評価してまとめたものである。値が大きいほど一致度が良いという尺度である。

	モデル	分散（%）
a	G	50.9
b	G＋A	55.7
c	G＋S	60.8
d	G＋A＋S	60.6
e	S	61.6

図 55　太陽活動（S）、エアロゾル（A）と温室効果（G）を取り入れたモデルで気温の変動をモデル化したときの結果。表では、モデルと実測値の一致度を表している。分散が高いほど、モデルが正しいことを意味している。太陽活動のモデルは、シュワーベ・サイクルの長さを基礎として取り入れている（Kelly and Wingley, 1992 による）。

　図 55 を見ると、太陽のみを考慮に入れた場合に一番合致度が良いことがわかる。

　色々議論が分かれる原因をここから理解することができる。モデル計算は、

温室効果が重要かあるいは太陽変動が重要かを判断しようとしているものであるので、上に述べた結果は驚くべきものである。現在の温暖化が、太陽活動が上昇しているときに起きていることが問題を複雑にしていることも注意しておいた方が良いだろう。温暖化という1つの上昇傾向を、2つの上昇傾向にあるもので説明しようとしており、さらに2つの要素それぞれに無視できない不確定性をもっているのである。エアロゾルによる負の効果はあるにはあるが、その影響が及ぶ期間は限定されているので変動に対する寄与は小さい。

　モデル計算が観測値を忠実に再現しないとしても、温室効果ガスが増えていることと太陽活動が気温を上昇させていることは多くのことが示している。現在の温暖化の原因を切り分けて特定することができないのである。

　真に驚くべきことは、温室効果ガスの影響を考慮しないときに、観測値とモデル値がよりよく一致することである。同様のことが、17世紀の小氷河期について気づかれていた。当時、二酸化炭素量は一定で変化がなく、気温は黒点データから求められた太陽定数の変動に追従していたのである。このことはどう理解すればよいのであろうか。

　すでにみたように、大気中の温室効果はそのうちの70％が水蒸気によるものである。ところが、この水蒸気の大気中の循環が複雑でよくわかっていないのである（第5章参照）。この節で述べてきたモデル計算には水蒸気の温室効果は考慮されていない。水蒸気はまた別の機能、すなわち温度緩和作用をもっている。温度が上昇すると、低緯度帯で雲量が増え、ハドレー循環を活発化し、地球全体のアルベドを上げるのである。図49（169ページ）は、宇宙線の強度（太陽活動の逆指標）と雲量の相関を示しているものであるが、水蒸気の働きを示している。太陽活動が高いときには、宇宙線の量は少なく、雲量も少なく気温は上がるし、太陽活動が低いときには逆に気温が下がるという考えである。ただし、気温の変化は最終的にはアルベドの変化となって初期の気温変化を抑えるように働く。であるので、17世紀の小氷河期や現代の温暖化のような短期の気温変動は、水蒸気の負のフィード

バック効果が他の温室効果ガスの影響を打ち消すほどの働きがあって、その
ために起きたと考えることが可能である。太陽活動が雲量増減そしてこの負
のフィードバック効果を制御しているので、結局は、太陽活動の変動がその
まま気温の変動に現れるわけである。太陽変動のみを考えたモデルが、観測
とより良い一致を見せるということに驚いたのではあるが、また同時に時間
的な遅れがなく大気が太陽活動に反応することも驚くべきことである。この
ことは、1610年以降の太陽活動と気温の変化を示した図34（102ページ）
から覗えることである。

　現在の温暖化は21世紀も続くのだろうか。もしそうであるならば、その
大きさはどの程度であろう。この節で紹介したシミュレーションモデルは、
負のフィードバック効果を取り入れられていない。特に雲量によるものは含
まれていない。これらは0.5℃程度の小さな温度変化には影響をもつのは確
かであろう。しかしながら、どこまで未来に延長してよいものか確かではな
い。5章で述べられた負のフィードバック作用を広く取り入れるためには、
海洋 – 大気結合モデルの結果などを利用することが必要と思われる。

様々なモデルとそれらの正当性

　気候のモデル化は、学術面から生活面にわたる広い範囲に関わるもので
あって、多くのことがなされてきた。多くの国々でなされてきた海洋 – 大気
結合作用を含めた気候モデルは、かなりの段階まで進展した。このモデルは、
流体力学、熱力学の基本方程式を解くものであるが、残念なことに海洋 – 大
気相互作用の一部で経験則的な関係を利用している。このこともあり、多く
のモデルが作られてきてはいるが、その精度に関しては評価が定まってい
ない。このモデルの精度は0.5℃と見積もられている。氷河期の研究につい
ては十分なものであるが、0.1℃単位の温度変化を議論するには不足である。
例えば、17世紀後半の小氷河期については、その平均気温の低下は0.3〜
0.4℃であった。小さな気温低下ではあるが、ルイ14世の同時代の人が体

験したものであって、有名なセヴィニエ侯爵夫人の手紙に書かれているとおりである。

このモデルを利用するためには、計算の精度を確認しておく必要がある。予測の不確定性を見るために、次のような計算の結果を見ておこう。二酸化炭素の濃度を工業化の始まる前の値の2倍に仮定して、エアロゾルや太陽活動という他のパラメーターを一定にしておいた計算である。その結果は、平均気温が2〜5℃上昇し、赤道や熱帯域よりも高緯度地帯の変化が大きいというものであった。高緯度帯では＋10℃という温暖化であり、極地や大陸氷河の融解が心配されたのである。

このことは単なる机上の空論ではない。温室効果ガスの放出は2030年にはそのような状況になるであろう。過去に照らして考えてみると、一般的にはモデル計算の結果が示す温度の振れ幅は、実際観測されたものよりも大きい。温度予測値が＋5℃から＋2℃まで幅広いのは、特に雲量が気温を下げる働きの取り扱い方が異なっているからである。この雲量の取り扱いに違いが出てくる原因は、色々な物理的要素がからんでくるからである。微小な水滴のサイズ、その雪氷化の程度、液沫あるいは氷晶での大気中の移動などである。これらの様子が、気候予測に重要な影響をもっている。例えば氷晶でできた雲は、水滴でできた雲より、不透明度が高くアルベドを強くする。また、同じ雲でも、その高度が異なると及ぼす作用が異なる。これらの事柄は、モデルには経験則という形でしか組み込めていないのである。これらの現象は、いまだその振舞いが解明されていなくて、数学的に記述することが難しいのである。その他の負のフィードバック作用をもつもの、例えば植物プランクトンの活性化でおこる生物界の作用などは、同じような問題を抱えている。2〜5℃の温暖化予想モデルは高すぎであり、海流循環も考慮されていない。これを考慮すると温暖化の程度は和らぐであろうと思われる。もっとも、この効果が効くのは1世紀程度の時間スケールであり、短期の気候予想についてはあまり重要ではないと思われる。

第6章 将来の気候

どうすべきか

シミュレーションモデルは、氷河期や間氷期という長い時間スケールのことを理解するのに役立つものであることはわかった。しかし、次の世紀の気候予想となると0.1℃程度の精度が必要なのである。

シミュレーションモデルは第一級の重要性をもつ結果をもたらした。これは、長年の国際協力の賜物である。しかしながら、現在の精度は未だ十分なものではない。

問題解決の困難さ、要求されうる精度、結果の信頼性を鑑みると、0.2℃の精度を得るにもこれから長年の年月がかかると思われる。

とりわけ太陽活動は2040年まで上昇の一途をたどるであろうことを見た（図51参照）。この予想は太陽活動サイクル23の予想に沿ったものであるが、1999年の6月に観測された結果とも、また、最近の黒点群観測結果とも合っている。21世紀の中頃に、太陽活動が低下するであろうときには、仮説Aと B のどちらが正しいかを判定できると思われる。しかし、それまで何の対策も取られないならば、その段階ではどの対策も遅きに失するであろう。

21世紀の前半には、太陽活動の活発化に加えて二酸化酸素ガス放出が倍増するであろう。この特別な同時生起という特徴は、気候が決定論的に定まるものならば必ず考慮に入れないといけないことである。

気候変動のリスクがあるときには、前もって対策を練ることが肝要である。2つの行動が考えられる。1つは、気候研究の手段を増強して理論的にも観測的にも抱えている疑問に対して明確に答えるようにすることである。もう1つは、国際協力により温室効果ガスの放出を抑える合意を推進することである。

具体的な行動

　我々の見解としては、気候のわずかな変動は太陽活動が源であり、地球大気は人為起源あるいは自然起源の変動に反応する力を秘めている。このことは、擾乱の大きさにかかわらずいつも同じように反応するということを意味はしない。なぜなら、正のフィードバック作用があって大きな気候変動を起こすことがあるからである。一方、気候システムは長い地質学的な期間はおおむね安定してきており、地球が極度に暑かったということもなかった。1℃の数分の一程度の気温変化があっても、海流に関係した地球固有の不安定性から気候システムがそれを増幅することもありうる。この点こそシミュレーションモデルが答えなければならない重要なものである。どのような強さどのようなレベルの外的変動に対して、現在の気候は維持できるのか。現状では、確信をもって答えられる精度をもつモデルはないのである。

人工生成物放出の低減

　二酸化炭素は石炭、石油、天然ガスという化石炭素の燃焼の結果として供給される。熱源、暖房、輸送の燃料として使用されるのである。航空輸送は、二酸化炭素の生成という意味では影響は大したことはない。しかし、ジェットエンジン排気によるエアロゾルおよび水蒸気の生成という意味での評価は現在なされている最中である。

　二酸化炭素の削減という点では、暖房や一部の輸送手段については電力の使用が期待されているが、個人の中距離移動に使われる自動車については、電気自動車への切り替えが現在進行しているところである。エネルギー源に大きな変更を加えることは、社会的および経済的に大きな影響をもつであろう。現在の生活様式を保つためには、他に代替手段がなければ原子力発電でしか需要を賄えないという人もいる。炭素蓄積の時間的な遅さを考えると、いま化石燃料の使用を停止したとしても、何十年にもわたって温室効果自体

第6章 将来の気候

は続くであろう。二酸化炭素の放出削減は、最難関問題の1つである。

　メタンの源は、人為および自然の2通りある。人間活動に関係するものとしては牧畜などが考えられるが、それに制限を加えることは難しい。メタンの増加を治めることは困難と思われる。特に植物の嫌気性腐敗によって生成されるメタンは、温暖化によって増大すると予想される。幸いなことにメタンの寿命は10年程度であり、発生を低下させれば比較的短時間で元の平衡状態に戻りうる。

　亜酸化窒素（N_2O）も、自然起源のものと人工起源のものがある。農業や工業活動で生み出されるものである。その温室効果寄与分は $0.14W/m^2$ で小さいが、120年もの長い寿命をもっている。これを低減化することは、メタンと同じような問題がある。

　フロンガス等のハロカーボン類は、完全に人為放出物質で、塩素や臭素を含んでいる。現在では原則として生産されてはいないが、成層圏オゾンを破壊するものとされてきたのである。このハロカーボン類は寿命が長く（図53参照）、温室効果をもつので21世紀の気候にも影響をもつ。代替物であるハイドロフルオロカーボンは、現在大きな影響をもってはいないが、その濃度はこれから増加の道をたどるであろう。

　1987年のモントリオール議定書は、成層圏オゾン破壊に関するものであった。温室効果をもつガスの放出を制限しても、生活スタイルを大きく変えるようなものではなかった。一方、二酸化炭素放出削減を対象とする1997年の京都議定書は効力をもつには困難な状況[訳注2)]である。さらには、温室効果ガスを削減しようとする国々が、現在の生活レベルを変えずに、かつ、原子力エネルギー生成を放棄したいと望んでも、そのようなことは極め

[訳注2)] 京都議定書では、2012年までの各国の温室効果ガス排出削減目標が掲げられたが、途上国－発展国間の利害の対立、アメリカなど非批准国の存在があって、全世界的な目標は達成されていない。1995年以降国連に COP（Conference of the Parties）が設けられ、毎年協議が行われてきている。COP21（2016年）では、21世紀後半に、温室効果ガスの排出をゼロにすることを世界が約束した「パリ協定」が調印された。2018年現在、この協定の正式批准が各国で検討されているところである。

て実現が難しいことであって、全世界の協力というのが必須なのである。

森林破壊

　主として北半球で、再植林が行われてきており1年あたり0.5Gtの炭素の蓄積がなされている。このことにはさらに力が注がれて、進められていくであろう。一方、低緯度地帯では経済的な発展を目指して森林破壊が進んでいる。このような地域では、土壌の脆弱性やハドレー循環による砂漠化の危険にさらされている。気候以外の面でも、植物相や動物相の絶滅という問題を引き起こす。中緯度帯では、少しの助力だけで森林は再生できるのであるが、熱帯地方の激しい降雨は土壌を劣化させるのが強力であって、森林の再生は困難なのである。CFCに対してとられたように、少なくとも森林開発に制限を掛ける国際的な行動が望ましいのである。もちろんこれには経済的なそして政治的な面で難しいことではある。

生活レベル、人口と経済発展

　地球上の人々はそれぞれの生活レベルに大きな不平等があることを知っている。しかしこのレベルの違いは一歩一歩解消されていくと思われている。現在、生活スタイルは西欧流のものになっていくようである。このスタイルは、あらゆる資源、特にエネルギーを必要とする。このため、二酸化炭素の排出は西欧の諸国で高いのである。単純には考えられないけれども、もしこの潮流が前世界に広がったとすると、二酸化炭素ガスの排出は現在よりもっと急激に大きくなることが危惧される。この危惧から、資源消費の制約や制限手段が講じられるかもしれない。二酸化炭素の寿命の長さ（図53参照）を考えると、何世代にもわたった後にその効果が現れるものである。二酸化炭素については、その排出の一部は世界の経済の仕組みと直結している。現在一番温室効果が高い二酸化炭素排出を削減するような、新しい仕組みを研究・創出することが求められている。

第 6 章 将来の気候

気候の研究

気候問題の重要性から、科学者たちは 2 つのプログラムを組織して研究を進めている。「地球変動」と「地質圏と生物圏の国際プログラム」である。この 2 つは気候学研究の全体を組織化して作り上げられている。

大気パラメーターの調査

ガスやエアロゾルといった人為生成物の温室効果は、定量的には未だ不定性がある。シミュレーションモデルは、最も可能性のある値を使っている。しかし、入力パラメーターを最悪のものにした場合は、気候のカタストロフィックな激変や、予期もしないことが起きうる。対流圏内のオゾン、酸化窒素、一酸化炭素、メタン、炭化水素、エアロゾル、水酸基 OH などの濃度が、地理的にそして時間にどうなっているのかということが、温室効果を見定めるためには重要なのである。同様に、大気中の炭素の貯蔵庫としての機能をもつ海洋（海水位、表面および深層海流、水温、塩分濃度等）の性質を詳しく知ることも第一義的に重要である。大気と海洋の性質の観測を続け広げることが肝要である。宇宙空間から、地上ネットワークあるいは浮標ネットワークを介して、局地的および全地球的規模で観測することが必要である。3 次元的な情報を、多数の太陽活動サイクルにわたる期間のデータを蓄積することが必要である。

現在進行中の科学プロジェクトにひとつひとつ立ち入ることはせずに、フランスが関係するものを見てみよう。海水位を測定する TOPEX/POSEIDON 衛星プロジェクトは、2000 年には Jason-1 衛星に引き継がれる。ERBS 衛星で始まった地球の放射バランス研究[訳注3] は、SCARAB 衛星に引き継がれる。SCARAB 衛星の最終調整段階は 2000 ～ 2001 年に始められる。

[訳注3] この研究は、国際協力のもと宇宙空間から継続して行われている。日本では、気象観測衛星「ひまわり」などにも測定装置が搭載されている。

200

太陽活動サイクルの何サイクルにもわたって3次元データを集めるということは、大変な仕事になる。しかしながら、このような長いデータ蓄積が継続してきたおかげで、我々は知見を得てきたのである。我々の先達たちは、注意深い継続的な黒点観測から、地球気温の変動を理解することができるようになったのである。ジャン・ピカールやフィリップ・ド・ラ・イールによる太陽の直径、自転の観測は、現代の太陽定数の観測期間よりはずっと長い期間の観測だったのである。

フィードバック機構の物理

負あるいは正のフィードバック作用に関わるのは、現在は特に目立っていない物理化学作用であるかもしれない。その中で重要なもの（第5章165ページ）は雲の役割である。将来物理学者が別のものを見つけるかもしれない。未来の気候を予測するには、これらの過程は基盤的なものになる。

気候のモデル化

気候学というのは、総合的な学問であるという特徴をもつ。大気物理学、海洋学、氷河学、プレートテクトニクス、天体力学、生物学、太陽物理学そして人間の行動などがすべて関わってくるのである。無数のフィードバック効果があって、問題を複雑化しているのである。

様々な物理化学作用の性質、反応速度などが解明されると、フィードバック効果もより精度よく評価できる。中でも以下のものは重要である。
- ——水蒸気の相変化。これはエネルギーの輸送、分配や地球全体の温室効果、アルベドに大事な役割をもつ。
- ——海洋循環、大気循環と相互の結合。
- ——海氷形成と塩分の作用。
- ——夏季の極圏高層大気の氷雲形成。地球のアルベドを加減する。
- ——地球表面、雲、地形によって変わるアルベドの高空間分解データ。現在は水平方向250kmで、高度方向は1kmである。

第 6 章 将来の気候

——生物圏との相互作用。生物ポンプ。

これらに加えて、太陽活動のより深い知見が必要である（周期性、振幅、エネルギースペクトル、高エネルギー粒子）。

これらの過程を正しく数学的に記述することは大変な作業となり、シミュレーション計算時間も増大する。このことから、気候の安定性の評価、温暖化の原因解明や未来の予測のためには大規模で高性能な計算機システムが必要とされているのである。

太陽の作用に対する知見

太陽の活動性をさらに詳しく知ることは、その気候に与える作用が根本的であるので、第一義的に重要である。その周期性の重要性はすでに指摘したとおりである。太陽物理学の理論的観測的な研究が、気候変動の解明に寄与すると思われる。そして、差動回転、黒点、太陽直径、太陽内部構造を明らかにする太陽振動、放射エネルギースペクトルとその時間変化が、太陽がもつ作用を解明するのに必須の項目である。ヨーロッパの太陽観測衛星 SOHO がすでに重要な結果をもたらしたけれども、このような観測をより長期にわたって継続して長期太陽活動変動を解明できるようにすることが必要である。

本書の序論で、太陽の直径と太陽定数を同時に測定する研究を提案した。その意図は、太陽と地球気候を念頭に置いたものであった。その提案は実現されなかった。フランス国立宇宙研究センター（CNES）の実験プログラム募集に新たに提案して、このたび実現することになった。このスペース観測により、17 世紀の小氷河期が太陽起源であることが明らかになるであろう。マウンダー・ミニマムに太陽直径を測定していた天文学者を記念して、PICARD（ピカール）という名前のプロジェクトになった。CNRS の宇宙航空サービス部門、ベルギー王立気象研究所とスイスの物理気象観測所の協力のもと、2002 年に CNES によって打ち上げが予定されている[訳注4)]。

訳注4) この結果は「おわりに」および「訳者あとがき」参照。

結論

　太陽は変動する恒星である。ウォルフ、シュペーラー、マウンダー・ミニマムのように静かなときもあれば、中世高温期に対応する活発なときもある。この変動性は太陽だけが例外的であるわけではなく、他の恒星でも見られる。太陽の変動は、地球およびその大気が受けるエネルギーに変動を起こす。そのエネルギーの変動は、0.1％の何倍か程度であって直接には気候には大きな変化を起こさない。しかし、地球は、大気があり、また水、氷、植物、無機物でできている表面をもっていて、気候にとって大事な役割を果たしている。海洋、大気、地表面、生物圏で構成されているこのシステムは、正や負のフィードバック作用をもっており、太陽からくるエネルギーの変動を増幅したり、緩和したりする。

　地球誕生以来、数多くの気候変化が起きてきた。地球上の生命はかなり早い時期に発生した。ということは、様々な原因で時には大量絶滅という恐れがあった中でも、生命を維持する条件がいつも保たれていたということである。正のフィードバック作用があるにもかかわらず、地球では、極端気候はこれまでなかったということになる。人類の誕生は、地質学的な年代で考えるとかなり遅い時代のことである。人類はわずかばかりの技術では困難な気候条件を通り抜けて何とか生存してきたのである。

　今日、人類は、大気、海洋、大陸および生物圏という様々な分野で、地上の生活条件を調整できる能力を得ている。気候システムは安定しているように見える。しかし、それは我々が住んでいる区画でのことである。我々が慣れ親しんできた現在の環境条件は維持されるのであろうか。

　科学的な研究は、地球気候システムが極めて複雑な系であることを明らかにしてきた。しかしながら、どの程度の擾乱まで地球気候システムが耐えら

れるものなのか、その限界は未だ明らかではない。

　大気は化学的には平衡状態ではない。温室効果と太陽活動の影響は、科学的には確信をもって切り分けられてはいない。気候変動は1世紀程度の時間スケールで起こる。正のフィードバック作用が気候システムには内在しており、10分の1℃程度すなわち17世紀の小氷河期程度の平均気温変化を起こす。技術は進歩したけれども、人類の生活スタイルは自然資源に頼ったものであり、脆弱なものである。森林開発という動きが懸念され始めている。太陽活動と相まって、人為生成物による温室効果が引き起こす温暖化の危険性を避けるために、経済発展もそのことを考慮するようになるであろう。気温の振れ幅が小さくとも、地球にとっては危機的なことにあると思われる。地球上の人口は、マウンダー・ミニマムの5億人から、いまや60億人に増えているので、人為による効果は大きいのである。自然科学の研究が教えるところでは、あるシステムが平衡状態から乱された場合、必ずしも元の平衡状態に戻るわけではなく、新しい別の平衡状態になることがある。この新しい平衡状態が必ずしも望ましい環境になるとは限らないのである。

　今日でも、気候の科学は20世紀の温暖化の真の原因を突き止めてはいない。現在の化学的な非平衡は続いているし、太陽活動も上昇している状態であって、人口増加の一途をたどっているので、気候の変化は危惧されているのである。予防原則が優先されるべきなのである。

　17世紀の科学者は天体の運動を支配する法則を発見した。同時に地球にとって重要とは思われるが、不測の現象も見つけ出していた。太陽黒点がその例である。太陽活動の異常な時期に観測されて、その後3世紀を経て、地球の気候を理解することにおいて、太陽活動が極めて重要なことが再発見されたのである。気候の予測には、太陽の気まぐれが働いていることが再認識されたのである。

おわりに

　地球の気候モデルを作るときには、太陽が地球を照射するエネルギー（太陽照射モデル）が分かっていることが必要である。気候モデルが様々あるとしても、どれが正しいのかは検証が可能である。例えば、17 世紀の太陽照射モデルを用いて気候モデル計算をして、その結果を実際の気候記録と比較すれば、気候モデルの良否は判別できる。このとき、気候を決定づけているエネルギー源は太陽照射であるので、この太陽照射モデルが正しいものであることが大事である。正しい太陽放射モデルとしては、全照射エネルギーおよびその波長ごとのエネルギー分布が必要であるが、我々はこれらに加えて太陽半径も含むべきであると提案したのである。実際いくつかの太陽照射モデルを検討すると、異なる波長での太陽半径の時間変動は、モデルごとに異なっており、どの太陽照射モデルが正しいのか定められなかった。我々は、異なる波長で太陽半径を精密に観測すれば、信頼できる太陽照射モデルを確立できるとの考えに至り、PICARD ミッションを提案したのである。

　宇宙空間でおこなう PICARD ミッションは、フランス国立宇宙研究センター（CNES）のもので太陽物理学研究を主眼とするものである。具体的には、太陽からの全照射エネルギー、その波長ごとのエネルギー分布および太陽半径を測定する目的をもっている。長期観測で、もしこれらの測定量に時間変動があれば、それも捉えようとするものである。

　人工衛星の打ち上げは当初 2004 年が予定されていた。資金及び組織面での問題があり、実際は 2010 年 6 月打ち上げとなった。観測機器は、以下のとおりである。

・太陽光量計および放射計──設計製作はスイスのダボス物理気象観測所

（PMOD）

・放射計——設計製作はベルギー王立気象研究所（IRM）

・熱量計——設計製作はベルギー王立天文台（ROB）

・撮像望遠鏡——設計製作はフランス大気環境宇宙観測研究所（LATMOS）

　光量計や放射計は設計通りの性能で観測できたものの、撮像望遠鏡は問題
があり精度の高い結果を得ることができなかった。CCD（電荷結合素子）カ
メラ温度が−40℃を想定していたものの実際は−7℃であったことや、望
遠鏡入り口窓の汚れなどが原因であった。

　幸いにも、衛星運用中に毎年3回ほど部分日食があり、その際の太陽放
射の時間変化を調べることにより太陽半径と月の半径の比率を求めることが
できた。

　いくつかの波長での放射計と光量計のデータから、紫外線から赤外線の範
囲の波長での太陽半径を求めることができて、ミッションの1つの目標を
達成することができた。ただ衛星の観測寿命が3年と短く、その間の時間
変化は検出されなかった。観測精度は26ミリ秒角であった。

　この衛星観測結果は、理論的な予想と一致していた。もっとも、他の様々
な手法（水星日面通過、金星日面通過、日震学、撮像望遠鏡、太陽移動量観
測、地上日食観測等々）で求めたものは、手法の較正の問題のせいか、相互
に異なった値が報告されていた。詳細は文末の文献を参照されたい。

　PICARDミッションでの結果は、太陽照射モデルは可視光から赤外線まで
の範囲で正確なものが求まったということであるが、紫外線波長については
未だ不定性が残っている。この波長域ではもっと波長分解能を上げた観測を
必要としている。

　我々がPICARDミッションで採用した方法は、いくつかの利点があること
は留意しておいていただきたい。

・日本のかぐやミッションで得られた月の形と半径のデータは、極めて精

度の高いものであり、太陽半径の長期変動を導出するときの基準データ
として利用できる。

・光量計観測は簡単な装置であるが CCD センサーよりは信頼できるデー
タを生み出す。CCD センサーは、宇宙空間での高エネルギー粒子によっ
て感度が劣化してゆくという欠点がある。

ジェラール・チュイリエ
PICARD ミッション主任研究員

用語解説

HK 線：太陽スペクトル中の吸収線は 1811 年にジョセフ・フォン・フラウンホーファー（1787 - 1826 年）によって初めて観測された。彼は主要な吸収線のリストを作り、アルファベット名を付けた。その名前は現在でも使用されている。ナトリウムの D 線、水素の C 線などである。このうちで、396nm と 393nm のカルシウムの線が、H、K 線と名付けられており、太陽型星の変動を研究するために利用されている。

K：絶対温度系の単位で、ケルビンの省略形。熱力学的温度（T）は、摂氏温度（t）と $T = t + 273.16$ という関係がある。

MDI（マイケルソン・ドップラー・イメージャー）：この装置は、ヨーロッパの太陽観測衛星 SOHO に搭載されたもので、太陽像を 1000 分の 1 秒角の精度で撮影する能力がある。この装置により、太陽の扁平度、直径とその表面の変形の変動を測定する。日震学の手法を用いて、太陽内部の情報を引き出す性能をもつ。

nm: 長さの単位ナノメートルの省略形。1 マイクロメートルの 1000 分の一。

ppm：百万分率。混合ガスの中で微量に含まれているガスの量を表すときに、よく使用される。例えば、工業化が始まる前の大気中の二酸化炭素濃度は、280ppm であった。これは、大気中に含まれている二酸化炭素が 0.028 ％であったということに対応する。

SOHO（Solar and heliospheric observatory）：太陽とその周辺スペースを観測するために 12 台の観測装置を搭載したヨーロッパの人工衛星である。

用語解説

ATLAS Ⅱロケットで1995年12月2日に打ち上げられ、現在も観測を継続している。

アルベド：物体の表面では、光子は吸収されたり散乱されたり反射されたりする。アルベドは、この光子が受ける作用を記述するもので、波長と入射角によって決められる。入射したエネルギーのうち、散乱・反射されるエネルギーの割合をアルベドといい、1より小さな値である。アルベドが大きいほど、物体に吸収されるエネルギーは小さくなる。例えば森林のアルベドは0.1程度であるが、礫砂漠のアルベドは0.4程度である。アルベドは波長にもよる。氷は可視光線に対しては0.8のアルベドをもつが、赤外線に対するアルベドは小さい。したがって、可視光線が主である太陽放射が、氷河を融かすことは難しい。

エアロゾル：気体中に浮かんでいる固体あるいは液体の微粒子。霧や雲はエアロゾルである。

温室効果：温室は、ガラスでできた窓をたくさん備えている。ガラスは可視光線に対しては透明であるが、赤外線に対しては不透明である。温室内のものは、可視光線を吸収して温められ、赤外線を放射する。ところが、赤外線は温室内に閉じ込められる。室温は上昇して、外気よりも高くなる。駐車した自動車内の気温が上昇するのがその例である。二酸化炭素やメタンなどのガスは、地球にとっては窓ガラスのような役割を果たしている。

海嶺：2つのリソスフェア・プレートの発散型境界部であって、マグマ物質が噴出しているところである。海底の深部で、平均2000mの高さの山脈が形成されている。

角運動量保存：点Oを中心とし半径Rの円周上を、質量mの点Mが回転している場合を考える。この角速度をωとすると、速度ベクトルV_MはωRという大きさで、円の接線方向の向きをもつ。その角運動量は、ベクトル

mV_M とベクトル OM とのベクトル積で定義されており、軌道面に垂直な向きをもち、大きさが $m \omega R^2$ となる。力学から、角運動量は保存することが知られている。この保存則の、芸術的な応用例がフィギュアスケーターのスピンである。腕を縮めると R が小さくなって ω が大きくなって早く回転するし、腕を伸ばすと遅くなって、停止することもできる。複雑な自転の現象でも同じように考えることができる。

下降流：大気物理学で、大気が下降している流れをいう。

屈折：水槽に、木か金属の棒を入れたとき、水と空気の境界面で折れ曲がって見える。このことから、光は異なる媒質の境界で進む方向を変えることがわかる。先ほどの例では、水中の棒から出た光は、境界面で曲げられて、境界面の法線方向から離れる方向に屈折する。屈折が起こるとき、境界面の両側にある媒質の屈折率によって曲げられる角度が異なる。入射角と屈折角とは、デカルトの法則（一般的にはスネルの法則と呼ばれている）で関係付けられている。空気の屈折率は、その温度、圧力と光の波長によって決まっている。地球大気中では、星々からの光線は屈折率の大きな媒質に入射することになる。このため光線は大気によって屈折し、その方向を変える。この結果、ある星は、実際より高度が高く観測される。この大気屈折効果は、天頂では 0 であり、水平線に近くなるほど大きい。最大 0.5 度程度になる。このため、日の出のとき、暦上は水平面から顔を出していないにもかかわらず、観測者には見えるということが起こる。恒星の位置を研究する位置天文学にとっては、この大気差という屈折現象は大事な点である。

屈折望遠鏡：少なくとも 2 つのレンズで構成された光学装置である。レンズを追加すると、収差を補正できるし、色収差を低減化して、鮮明な像を得るようにすることができる。

経験モデル：これは、測定から得られる情報をモデルに仕立てたものである。ある量 y の測定値をある量 x の測定値の関数としてグラフを描いたときに、

直線的な関係が認められたとき、その関係を $y = ax + b$ と記述するモデルである。物理的にそのような関係にあるかないかは問わない立場である。この係数は、経験的な実測データから決められる。現実は複雑ではあるが、それを簡単に定式化するという点にメリットがある。このモデルをむやみに実測外の範囲まで広げて議論するのは慎重に行うべきである。

夏至、冬至：夏至は、太陽の光度が最大になるときである。冬至では、子午線を通るときの太陽高度は最小となる。それぞれ、6月21日頃、12月21日頃である。より正確には、夏至のときには、太陽赤緯が 23° 27′ となり、冬至には太陽赤緯が− 23° 27′ となる。

嫌気性発酵：酸素のないところで行われる発酵。

合、衝、矩：T、S、P が地球、太陽、惑星を表すものとする。地球、太陽、惑星が直線状に並んで、太陽が中間に位置するときを惑星の外合という。内惑星の場合、太陽 − 惑星 − 地球の配置で直線状に並ぶときを内合という。外惑星の場合、太陽 − 地球 − 惑星の配置で直線状に並ぶときを衝という。TSP 間の角度が直角のとき、西矩あるいは東矩という。

降着：宇宙空間に浮かぶ巨大な雲状の物質が、重力の作用で中心に集積していく過程をいう。恒星や惑星が形成されるときに中心となる過程である。

黒体（放射）：電磁波のスペクトルには様々な種類のものがある。太陽の紫外線波長のスペクトルは輝線スペクトルである。輝線スペクトルの場合は、放射エネルギーは狭い波長範囲にのみ集中している。太陽の可視光波長域では、吸収線スペクトルとなっている。一方、波長に対して連続的に変化するようなスペクトルもある。このようなスペクトルは、空洞を一様に加熱したときに放射されるもので、黒体放射と呼ばれている。これは、マックス・プランクによって研究されて、次の式で定式化された。

$$E(\lambda) = \frac{C_1}{\lambda^5} \frac{1}{\exp(C_2/\lambda T) - 1}$$

ここで、C_1、C_2 は定数で、T は絶対温度である。

$E(\lambda)$ の曲線は鐘のような形をしている。温度が上昇すると、放射強度は大きくなるとともに、その最大強度波長は短波長側に移動していく。

放射全エネルギーは上式を波長方向に積分すれば求まる。その結果、シュテファンの法則

$$W = \sigma T^4$$

が得られる。ここで、T は絶対温度（T ＝摂氏温度＋ 273.16）、W は全放射エネルギー（W/m^2）、σ はシュテファン定数（$\sigma = 5.67 \times 10^{-8}$Wm^{-2}K^{-4}）である。

ある温度 T の物体が主として放射する電磁波の波長、すなわち強度が最大になる波長は、次のウィーンの変位則が利用できる。

$$\lambda_m T = 2.885 \cdot 10^6 nm\text{K}$$

例えば、288K のときには、10017nm となってほぼ 10 μm になる。プランク、シュテファンの法則およびウィーンの変位則を利用して、第 5 章の地球の放射のバランスが計算されている。

サイクロイド：ある円があってその円周上に 1 点 A があるとする。この円が平面上のある直線（D）に沿って転がるときに、点 A が描く軌道がサイクロイドである。この曲線は、直線 D と点 A が一致する点を尖点とするアーチが連なった形をとる。この曲線は様々な特徴をもつ。断面がサイクロイドになっている鉢の中で、どの位置から球を滑らせても、鉢の底に至る時間は一定である。等時性をもつという。ホイヘンスは、この等時性を振り子に応用して、時計の精度を改善したのである。

三角測量（法）：これは、三角形を次々とつないで測量をする方法である。

既知の2点A、Bがあって、他の点Cを考えたとき、三角形ABCの一辺AB
の長さと、角度CABとCBAがわかると、点Cの位置が確定し、Aあるいは
BからCまでの距離が確定する。このような三角形を測定により順次構成し
ていくことで、地形をくまなく調査することができる。

子午線通過：地球が自転していることにより、天体は自転軸の周りを日周運
動している。ある天体が子午線を横切るとき、最大の高度となる。南北のみ
に動く子午儀と呼ばれる望遠鏡で天体が子午線を横切るときの高度と時刻を
測定すると、その天体の赤道座標を求めることができる。

沈み込み帯：リソスフェアの一部が他の部分に沈み込むところをいう。

（光学系の）収差：光学系には、幾何学的な収差と色収差がある。

　前者は、光学系の焦点をFとしたとき、ガウス近似のもとで口径が大きく
なれば、主軸に平行な光線がFとは異なる点に収束するという収差である。
これは口径が大きければそれだけ大きくなる収差である。この収差で、像が
ぼけたり、変形したりする。

　色収差は、上記と同じような状況で焦点位置が光の波長によって異なるこ
とが原因である。これは、像の色にじみを引き起こす。光学系の焦点位置が
波長によらないものをアクロマチック系といい、そうでないものをクロマ
チック系という。

十字線：小さな円盤の中央に円形の穴をあけ、その中心に位置するように細
い糸で十字線を貼ったものである。望遠鏡の対物焦点に取り付けて、天体や地
上の物体の位置を正確に測ったり、照準を定めたりするのに用いられる。

準2年振動：ほぼ2年の周期をもつ大気の変動が成層圏で観測されている。
風向きがこの周期で変わることが知られており、より正確には周期は27カ
月である。

春分、秋分：1年のうちで、昼と夜の時間の長さが等しくなる瞬間をいう。

3月21日頃を春分といい、9月21日頃を秋分という。正確には、太陽の赤緯が0°になる瞬間をいう。

食現象：太陽と月が関与する天体現象である。地球と太陽に間を月が横切るときが日食である。月食は、太陽に照らされた地球の影の中を月が通過する現象である。食は、太陽、月と観測者の位置によって、部分食となったり皆既食となったりする。

人為起源：人類の活動が環境に及ぼす事柄をいう。開墾が1つの例である。

ゼーマン効果：電子の運動は、磁場によって影響を受ける。光源となっている原子に磁場をかけると、原子内の電子の運動の軌道が変わり、それによって放射される光が変調を受ける。磁場に平行な偏光の成分は、2つの波長に分裂して輝線を出し、磁場に垂直な偏光成分の輝線は、3つの波長に分裂する。分裂した各成分間の波長間隔は、磁場の強さに比例する。この効果は、1862年にミッシェル・ファラデー（1791 – 1867年）によって、予想されたが、実験で確かめられたのは、1896年にピーター・ゼーマン（1865 – 1943年）によってである。

赤道儀：望遠鏡を載せる架台の一種である。2つの方向に回転できる。1つは極軸周りすなわち時角方向の回転で、もう1つはそれに垂直な方向すなわち赤緯方向の回転である。

赤道座標：地平座標からまず考える。ある地点（O）では、天頂と極の方位（P）および地平面（H）は定められる。ある瞬間の天体（A）の位置は、天球面上の方位OAで定まる。これは2つの角度で指定される。1つは地平面からの高度角であり、もう1つは方位角である。方位角は、ある基準方向から天頂周りに測った角度である。この天体の位置を示す2つの角度は、時刻と場所によって変動する。一方、赤道座標値は、天体（A）に固有の座標値であって、長期にわたって不変な値である。そして、観測する場所にもよら

ない。図 56 に示すように、OP に垂直な天球の赤道面を基準に考える。このとき、天体は 2 つの角度で指定できる。1 つは、赤緯といわれる角度であって、赤道面からの天体の高度角である。もう 1 つは、赤経といわれる角度であって、OA を通る子午線とある基準点 γ を通る子午線とのなす角である。地球の公転軌道面は、非常にゆっくりとではあるが変化する。これに応じて、太陽に見かけの位置である黄道も天球内で変化する。天球の赤道面と黄道面は 2 つの点 γ と γ′ で交わる。春分点と呼ばれる γ では、太陽の赤緯が増加するときに通過する点であり、赤経の基準点に使用されている。赤道座標は、観測する場所に依存しない。このことから、天体暦ではこの座標値が使われているのである。

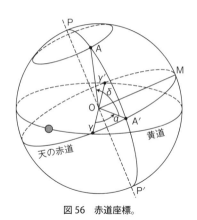

図 56　赤道座標。

造山運動：山脈などの地形を形成する運動。

測地学：地球の形および大きさを研究する学問分野。

太陽の自転：太陽の自転を測るとき、はっきりと観測できる黒点の角度移動量を測定する。これは何日もの期間の間位置を観測することになる。ところが、この期間の間、地球は太陽の周りを公転する。このように地球から見たときの自転を、シノディク回転という。一方、地球から遠く離れた地点から太陽の回転を観測すると、地球から見たときと違って地球公転による影響が

ないので、シデリアル自転と呼ばれ、異なる自転率になる。地球の公転の周期が 365 日であるので、シノディク回転周期は（σ）はシデリアル回転周期（T）より長くなる。両者の間は、周期を日単位で表したとき

$$\frac{1}{T} = \frac{1}{\sigma} + \frac{1}{365}$$

という関係にある。

対流：気体や液体などの流体での対流は、その上部が冷たく、下部が温められるときに発生する。下部で加熱されると流体は密度が低くなり、アルキメデスの浮力を受けて上昇する。逆に、上部で冷やされると下降する。お湯を沸かしたときのように、対流がおこると、小さな区画（セル）に分かれた流れが発生する。セルの中央で熱い流体が上昇しセルの縁で下降する。対流現象は、海洋や大気中でよくみられる。積乱雲はその例である。

楕円：平面 P 上の直線 x'Ox にある原点 O から等距離離れた 2 点 F_1 と F_2 を考える。$OF_1 = OF_2 = c$ が成り立っている。この 2 点 F_1 と F_2 は楕円の焦点と呼ばれる。平面 P 上で、$MF_1 + MF_2 = 2a$（a は定数）になるような点の描く軌跡が、F_1 と F_2 を焦点とし長半径 a の楕円である。離心率は c/a という比率で定義されている。離心率が 0 の場合は、円になり、2 つの焦点は円の中心と一致する。

地球軌道パラメーター：このパラメーターで、太陽地球間の平均距離、公転面に対する地球自転軸の傾きなどが決まる。地球の公転軌道は、極めて良い近似で楕円であり、その形は長半径と離心率で定まる。自転軸の方向は 2 つの要素で定まる。1 つは公転面に対する軸の傾きであり、もう 1 つはこの自転軸が 2 万 6000 年の周期で歳差運動によってある円錐面上を移動していくときの位置である。この自転軸の歳差運動は、春分点の歳差運動として現れる。北半球の冬至のとき、現在は地球が最も太陽に接近した位置にいるが、1 万 1000 年後には地球は太陽から最も遠い位置にいることになる。

用語解説

地球磁場：地球は磁気をもっている。太陽に影響で変動する成分と、地球自身を原因とするゆっくりとした変動を示す成分からできている。この磁場は、第一近似としては双極子磁場の形をもっている。磁場の極は地球回転の極と位置が異なっている。磁極は、現在北緯79°、西経70°に位置している。磁気緯度および経度は、地理的なものと同様に決められている。地磁気の場合には、磁極、磁気赤道面（磁気軸に垂直）を基準として測られる。磁極が西にずれているため、同じ地理的緯度でみた場合、ヨーロッパよりも北アメリカの方が磁気緯度は高い。これは、磁極が西にずれているためである。

地衡風：地球上では、色々な装置を使って、様々な高さの位置で気圧が測られている。これらの観測から、地球上の気圧分布が得られる。この気圧勾配から、風の方向、早さを求めることができる。このようにして求められたものを地衡風という。

天体位置表：原則的に年ごとに公刊される表であって、代表的な地点（例えばパリ）での太陽、月、惑星の出入り時刻、南中時刻、赤経、赤緯を与えるものである。衛星については、本体の惑星に隠される掩蔽の始まりと終わりの日時データも与えられる。恒星については、その年の赤経赤緯座標が与えられる。その他には、日食や月食、惑星の内合・外合など注目すべき現象データが与えられている。

天文単位：太陽地球間の平均距離をいう。値は、1億4959万7900kmである。

ドブソン：大気中のオゾンの量は、高度、時刻、季節、太陽活動および場所によって変化する。この量を測る単位としてドブソンが使われている。ある地点で、断面$1cm^{-2}$の半無限長の気柱内にあるすべてのオゾンを集めて、0℃、1000ヘクトパスカルの状態にしたときにもつ厚みがNmmのとき、$100N$ドブソンのオゾン量であると表す。300ドブソン程度の値が一般的である。これはわずか3mmの厚さのオゾン層ということであり、この厚さで300nm以下の紫外線を遮っているのである。

トラップ：トラップは、玄武岩質溶岩が積み重なって、台地上になった地形をいう。その断面を見たときに、階段状の構造が見られ、スカンジナビア地方の言葉で階段を意味するトラップと名付けられたものである。大規模な玄武岩噴出のときは、数十mの厚みになる。インドの玄武岩デカン高原台地は、2000m もの厚みの大地となっている。

トロイダル地場：双極磁場を考える。このとき、磁場はポロイダルであると呼ばれる。小さな磁石が作る磁場が双極磁場である。磁力線を鉄粉で可視化すると、磁場は磁石の軸 OZ の周りに回転対称になっている。また、OZ に垂直な面 OXY についても対称である。このような座標系 OXYZ のもとで、磁場ベクトルを OZ 成分と OXY 成分に分解したとき、前者をポロイダル成分、後者をトロイダル成分という。すなわち、軸 OZ 周りの成分をトロイダル成分という。

南中：ある地点で、ある天体が示す地平面からの高度が最大になるときをいう。

日震学：地球の内部を調べる研究と似た方法で、太陽の内部を探査する方法である。地球の地震波や、発破で起こされる人工地震波は、地下の状況によって伝搬の仕方が異なることを利用して、地球の内部が調べられる。太陽の場合も同様に波の伝搬状況を分析して内部を探る方法をとる。

　現在は、3通りの方法が使われている。明るさの変動を測定する方法、ガスの運動速度の変動を測定する方法と、太陽直径の変動を測定する方法である。変動の周期、振幅を求めるのには、切れ目のない連続的な観測データのフーリエ解析が行われる。観測データに切れ目があると、周期が正確に求められないので、連続観測が必要である。このため、最初の連続観測は、南極のアムンゼン・スコット基地で行われた。現在では、地球上の低緯度地帯に多数の観測所を設けたネットワークが2つあり、これらのネットワークで一部が曇っていても必ず連続性が保たれるような形で観測が行われている。

反射望遠鏡：少なくとも2枚の鏡を用いて天体などを観測する光学装置。

用語解説

一枚は凹面鏡である。

フーリエ解析：ジョゼフ・フーリエ（1768 – 1830 年）が、準周期的に変動する信号を解析するために、効率的な方法を開発した。これは、このような信号は、周期、位相、振幅が異なる多数の周期変動が重なってできていると考える方法である。フーリエ解析は、各周期成分の性質を求める数学的な手法である。

プラズマ：物質が高温のガス状態になっているもので、正の電荷粒子と負の電荷粒子が同数存在して全体としては電気的に中性である。電気的には導電物質である。プラズマを構成している粒子は、電子、原子、分子や原子イオン、分子イオンなどである。

プレート：固体地球の表面は、十数枚のプレートと呼ばれるゾーンに分かれている。その境界は海底の拡大境界（海嶺）と沈み込み帯である。これらのプレートは、アセノスフェアの流れに載る形で、相互に動いている。

プレートテクトニクス：リソスフェアのプレートの運動全体を説明するモデル。

放射計：原理的にすべての光を吸収する面でできた装置で、その面積が極めて正確に測られている。太陽に照らされると、受光量に応じて温度が上昇する。この温度を、熱電対などで正確に測り、シュテファンの法則から受光エネルギーを求めるものである。その仕組みは簡単であるが、実際上の使用に際しては、温度測定の正確さの問題、太陽光のみを受光して、周囲からは受光しないようにするなど、注意が必要である。同じ考え方で、19 世紀には、熱量計が使われた。

眼の分解能：紙面上に一定の間隔をもつ 2 点 A、B を考える。観察者の眼が O 点にあるとして、直線 OA と OB との間の角度を α とする。A、B 間の距離を縮めていくときを考える。A、B 間の間隔がある限界を超えると、2 点が融合して分解できなくなる。この限界時の α を眼の分解能という。これは、

ほぼ1分角程度であるが、明るさや光の波長によって変わる。

リソスフェア：リソスフェアとアセノスフェアは固体地球の最外層にある2つの層である。リソスフェアは、最外層であって、固体の岩石層である。これは、海洋底や大陸に対応する。多数のプレート状になっており、互いにゆっくりと動いている。アセノスフェアは、溶融岩石でできていてリソスフェアの下に位置している。このアセノスフェアの対流に乗って、リソスフェアのプレートが移動している。

隆起：隆起した地形とは、プレートの活動によって地形が高くなった地帯をいう。

参考文献

参考文献は 2 つに分けて掲げている。前半は一般向けの書籍や記事であり、後半は国際学術誌に出版された科学論文である。これらは我々が著作する際に参考にしたものであるが、このリストはすべてを尽くしているわけではない。問題となっている事柄について、最初に報告されたものよりは、その問題意識をより良く解説しているものを一般向けのリストに含めている。一方、学術論文については最初にその問題を提起したものをリストしている。これも紙幅の制限があって、すべてのものをリストに含めているわけではないので、学術論文は 17 世紀以降 20 世紀初頭までのものが、本文では引用されている。

一般向け書籍と記事

Pour la Science 誌の記事

Alley, R. et Bender M., « Le climat des glaces », n°246, 1998.

Foukal, P., « Le Soleil : une étoile variable », n°150, 1990.

Chapman, D. et Pollack, H., « Dans le sol, le climat du passé », n°190, 1993.

Karl, T., Nicholls, N. et Gregory, J., « Le climat de demain », n°237, 1997.

« Climat et taches solaires : Soleil, convection, refroidissement », n°117, 1987.

« Le CO_2 et le climat : glace, température, climat », n°122, 1987.

« Soleil et climat », n°158, 1990.

La Recherche 誌の記事

Becker, F., « Peut-on mesurer la température terrestre ? Les mesures traditionnelles », n°243, 1992.

Boissavy-Vinau, M., « Le méthane, mémoire fidèle du climat », n°262, 1994.

Camoin, G. et Montaggioni, L., «Coraux fossiles, archives du climat », n°275, 1995.

Delécluse, J.-C., « Heurs et malheurs de la prévision d'El Niño », 307, 1998.

Duplessy, J.-C., « Les certitudes des paléoclimatologues », n°243, 1992.

Goudrian, J., «Où va le gaz carbonique ? Le rôle de la végétation », n°243, 1992.

Jones P. D., « Le climat des mille dernières années », n°219, 1990.

Kandel, R. et Fouquart, Y., « Le bilan radiatif de la Terre », n°241, 1992.

Lambert, G., « Les gaz à effet de serre », n°243, 1992.

Le Treut, H. et Kandel, R., « Que nous apprennent les modèles du climat? », n°243, 1992.

Magny, M., « Les sédiments des lacs, miroir du climat », n°282, 1995.

Minster, J.-F. et Merlivat, F., «Où va le gaz carbonique ? Le rôle des océans », n°243, 1992.

Nicolas, C., « Le climat peut-il basculer ? », n°232, 1991.

Parker, D. E. et Folland, C. K., « Peut-on mesurer la température terrestre ? Les mesures traditionnelles », n°243, 1992.

Peixoto, J. P. et Oort, A. H., « Le cycle de l'eau et le climat », n°221, 1990.

Roqueplo, R., « L'effet de serre : une expertise est-elle possible ? », n°259, 1993.

Sadourny, R., « L'homme modifie-t-il le climat ? », n°243, 1992.

一般向け書籍

Aimedieu, P., *L'Ozone stratosphérique,* Éd. PUF, , coll. Que sais-je ?, 1996.

Bachelard, G., *Le Nouvel Esprit scientifique,* Éd. PUF, Paris, 1991.

Berger, A. et Andjelic, T. P., *Milutin Milankovitch, Père de la théorie astronomique des paléoclimats, Histoire et Mesure,* Éd. du CNRS, vol. Ⅲ , pp. 385-402, 1988.

Celnikier, L. M., *Histoire de l'astronomie,* Petite Collection d'Histoire des Sciences, Éd. Technique et Documentation, 1996.

Courtillot, V., *La vie en catastrophe, l'extinction des espèces,* Fayard, 1995.

Duplessy, J. C. et Morel, P., *Gros Temps sur la planète,* Éd. Odile Jacob, Paris, 1990.

Duplessy, J. C., *Quand l'Océan se fâche,* Éd. Odile Jacob, Paris, 1996.

Gribbin, J., *Climatic change,* Éd. Cambridge University Press, Cambridge, 1978.

Hoyt, D. G. et Schatten, K. H., *The Role of the Sun in Climate Change,* Éd. Oxford University Press, 1997.

Jousseaume, S., *Climats d'hier à demain,* Éd. du CNRS., Paris, 1993.

Kandel, R., *Le Devenir des climats,* Éd. Hachette Pratique, Paris, 1995.

Kandel, R., *L'Incertitude des climats,* Éd. Hachette, coll. Pluriel, Paris, 1998.

Labeyrie, J., *L'Homme et le climat,* Éd. Denoël, Paris, 1985.

Lamb, H. H., *History and the modern world,* Éd. Routledhe, London and New York, 1995.

Lang, K. R., *Le Soleil et ses relations avec la Terre,* Éd. Springer, Paris, 1997.

Lantos, P., *Le Soleil en face,* Éd. Masson, Paris, 1994.

Lantos, P., *Le Soleil,* Éd. PUF, coll. Que sais-je ?, Paris, 1994.

Laplace, P. S., *Précis de l'histoire de l'Astronomie,* 2e edition, Éd. Mallet-Bachelier, Paris, 1863.

Le Roy Ladurie, E., *Histoire du climat depuis l'an mil,* Éd. Flammarion, Paris, 1967.

Levasseur-Regourd, A. C. et de La Cotardière, Ph., *Les Comètes et les astéroïdes,* Éd. du Seuil, Paris, 1997.

Lorius, C., *Glaces de l'Antarctique,* Éd. du Seuil, coll. Point-Seuil, Paris, 1993.

Magny, M., *Une Histoire du climat : des derniers mammouths au siècle de l'automobile,* Éd. Errance, 1995.

Needham, J., *La Science chinoise et l'Occident,* Éd. du Seuil, Paris, 1969.

Pearson, R., *Climate and evolution,* Éd. Academic Press, 1978.

Pecker, J. C., *Sous l'Étoile Soleil,* Éd. Fayard, Paris, 1988.

Pecker, J. C., *Le Soleil est une étoile,* Éd. Press Pocket, Paris, 1992.

Sadourny, R., *Le Climat de la Terre,* Éd. Flammarion, coll. Dominos, Paris, 1994.

Waldmeir, M., *Le Grand Livre du Soleil,* Éd. Denoël, Paris, 1973.

第 1 章の参考論文

Actes du colloque du tricentenaire, Jean Picard et les débuts de l'astronomie de precision au XVⅡ^e siècle, édités par G. Picolet, Éd. du CNRS., Paris, 1987.

Delambre, J. B., *Histoire de l'Astronomie ancienne,* 1817, réimpression par Jonhson Reprint Corporation, New-York and London, 1965.

Delambre, J. B., *Histoire de l'astronomie moderne,* 1821, réimpression par Jonhson Reprint Corporation, New-York and London, 1969.

Danjon, A., et Couder, A., *Lunettes et télescopes,* Librairie scientifique et technique Albert Blanchard, Paris, 1979.

King, H. C., *The History of the telescope,* Éd. Dover, New York(réédition), 1979.

Mémoire de l'Académie Royale des sciences, tome 7 :

参考文献

« Du micromètre ou manière exacte de prendre le diamètre des planètes par A. Auzout », p.118.

« Mesure de la Terre par J. Picard », p.133

« Voyages d'Uraniborg, ou observations astronomiques faites en Danemark par J. Picard », p.193.

« Observations astronomiques faites en l'île de Cayenne par J. Richer », p.233.

« Observations envoyées de Nanquin par A. Thomas », p.695.

第2章の参考論文

Actes du colloque du tricentenaire, *Jean Picard et les débuts de l'astronomie de precision au XVIIe siècle,* édités par G. Picolet, Éd. du CNRS., Paris, 1987.

Condorcet, J. A., *Éloges des Académiciens de l'Académie Royale des Sciences morts depuis 1666 jusqu'à 1699,* Éd. Hôtel de Thou, 1773, réédition A. La Hure, 1968.

Danjon, A., et Couder, A., *Lunettes et télescopes,* Librairie scientifique et technique Albert Blanchard, Paris, 1979.

Grant, R., *History of Physical Astronomy from the earliest ages to the middle of the 19th century,* Éd. R. Baldwin, London, 1852.

King, H. C., *The History of the telescope,* Éd. Dover, New York, réédition, 1979.

Mémoire de l'Académie Royale des Sciences, tome 7:

« Du micromètre ou manière exacte de prendre le diamètre des planètes par A. Auzout », p. 118.

« Mesure de la Terre par J. Picard », p. 133.

« Voyages d'Uraniborg, ou observations astronomiques faites en Danemark par J. Picard », p. 193.

« Observations astronomiques faites en l'île de Cayenne par J. Richer », p. 233.

« Observations envoyées de Nanquin par A. Thomas », p. 695.

O'Dell, C. R., Van Helden, A., « How accurate were seventh-century measurements of solar diameter », *Nature,* 330, 1987, p. 629-631.

Picard, J., « Sur la lumière du baromètre », *Mémoire de l'Académie Royale des Sciences,* tome 2, 1676, pp. 202-203.

第3章の参考論文

Babcock, H.W., Babcock, H.D., « The suns's magnetic field, 1952-1954 », *Astrophys. J.,* 121, 1955, pp. 349-366.

Babcock, H. W., « The topology of the sun magnetic field and the 22-year cycle », *Astrophys. J.,* 133, 1961, pp. 572-587.

Beer, J., Raischeck, G. M., Yiou, F., *Time variation of ^{10}Be and solar activity, Sun in Time,* C. R. Sonett, M. S. Giampapa, M. S. Mattews (eds.), The University of Arizona Press, Tucson, 1991, pp. 343-359.

Biermann, L., « Kometenschweise und solare Korpuskularstrahlung », Z. *Astrophys.,* 29, 1951, pp. 274-286.

Cini Castagnoli, G., Bonino, G., Provenzale, A., *Solar-terrestrial relationships in recent sea sediments Sun in Time,* C. R. Sonett, M. S. Giampapa, M. S. Mattews (eds.), The University of Arizona Press, Tucson, 1991, pp. 562-563.

Christphe, J. and Thuillier, G., « Behaviour of polar cap arcs observed at zenith of Dumont d'Urville during solar cycle 21», *Ann. Geophys.,* 8, 1990, pp. 97-108.

Clark, D. H., Stephenson, F. R., « An interpretation of the pre-telescopique sunspots records from the Orient », *Q. J.Astr. Soc.,* 19, 1978, pp. 387-410.

Delache, Ph., Laclare, F., Sadsaoud, H., « Long period oscillations in solar diameter measurements », *Nature,* 317, n°6036, 1985, pp. 416-418.

DeLuca, E. E., Gilman, P. A., *The solar dynamo, Solar interior and atmosphere,* Univ. Arizona Press (ed. Cox A. N., Livinstone W. C., and Matthews M. S. (eds.), 1991, pp. 275-303.

Eddy, J., « The Maunder minimum », *Science,* 192, 1976, pp. 1189-1202.

Fairbridge, R.W., Shirlet, J. H., « Prolonged minima and the 179-yr cycle of the solar inertial motion », *Solar Phys.,* 110, 1987, pp. 191-220.

Frank, L., Craven, J. D., Burch, J. L., Wimingham, J. D., « Polar views of the Earth's aurora with Dynamics Explorer », *Geophys. Res. Let.,* 9, 1982, pp. 1001-1004.

Fröhlich, C., *Irradiance observations of the Sun, The Sun as a variable star,* J. M. Pap (ed.), Cambridge University Press, 1994, pp. 28-36.

Hoyng, P., « Is the solar cycle timed by a clock ? », *Solar Physics,* 169, 1996, p. 253-264.

Kasting, J. F., Grinspoon, D. H., *The faint Sun problem, in The Sun in time,* C. P. Sonnett, M. S. Giampapa and M. S. Matthews (eds.), The University of Arizona Press, Tucson, 1991.

Kosovichev, A. G., et al. « Structure and rotation of the solar interior : initial results from the MDI medium-l program », *Solar Physics,* 170, 1997, pp. 43-61.

Kuhn, J., Bush, R. I., Scheick, X., Scherrer, P., « The Sun's shape and brightness », *Nature,* 392, 1998, pp. 155-157.

Laclare, F., Delmas, C., Coin, J. P., Irbah, A., « Measurements and variations of the solar diameter », *Solar Physics,* 166, 1996, pp. 211-229.

Laclare, F., « Mesures du diamètre solaire à l'astrolabe », *Astron. Astrophys.,* 125, 1983, pp. 200-203.

Lacare, F., « Sur les variations du diamètre du Soleil observées à l'astrolabe solaire du C.E.R.G.A », *C.R. Acad. Sc. Paris,* t. 305, Série Ⅱ , 1987, pp. 451-454.

Lean, J., et Fröhlicht, S, « Solar Total Irradiance variations », *ASP Conf. Ser.,* Vol. 140, 1998, pp. 281.

Lean, J. L., Rottman, G. J., Kyle, H. L., Woods, T. N., Hickey, J. R., and Puga, L. C., « Detection and parametrisation of variations in solar- and near-ultraviolet radiation (200-400nm) », *J. Geophys. Res.,* 102, 1997, pp. 29939-29956.

Lean, J. and Rind, D., « Climate forcing by changing solar radiation », *J. of Climate,* 11, 1998, pp. 3069-3094.

Libbrecht, K. G. and Morrow, C. A., *The solar rotation, in The Solar Interior and Atmosphere,* A. N Cox, W. C. Livingston and M. S. Matthews (eds.), The University of Arizona Press, Tucson, 1991, pp. 479-500.

Lydon, T. J., Guenther, D. B., and Sofia, S., « An alternative explanation for the observed variation of solar p-modes with the solar cycle », *Astrophys. J.,* 456, 1996, pp. L127-L130.

Livingston, et al., *Sun-as-a-star spectrum variability, in Solar interior and atmosphere,* Éd. A. N Cox, W.C. Livingston and M.S. Matthews (eds.), The University of Arizona Press, Tucson, 1991, pp. 1110-1160.

Nesme-Ribes, E., Ferreira, E. N., Mein, P., « Solar dynamics over solar cycle 21 using sunspots as tracers », *Astron. Astrophys.,* 274, 1993, pp. 563-570.

Nesme-Rides, E., Baliunas, S., et Sokoloff, D., « La dynamo stellaire », *Pour la science,* 228, 1996, pp. 60-66.

Nodon, A., « L'Origine planétaire des perturbations solaires », *Ciel et Terre, Bulletin de la société belge d'astronomie,* 3, 1910, pp. 1-22.

Noël, E., « Variations of the apparent solar semidiameter observed with the astrolabe of Santiago », *Astronomy and Astrophysics,* 325, 1997, pp. 825-827.

Parker, E. N., « Hydromagnetic dynamo models », *Astrophysical Journal,* vol. 122, 1955, p. 293-314.

Parkinson, J. H., Morrison, L.V., Stephenson, F. R., « Diameter of the Sun in AD 1715 », *Nature,* 288, 1980, pp. 548-550.

Paterno, L., « Do we understand the 22-year solar activity cycle ? », *C.R. Acad. Sc.,* 11, 1998, pp. 393-406.

Pecker, J. C., *Caractères météorologiques du climat et activité solaire : quelques remarques,* in *Compendium in Astronomy,* E. G. Marilopoulos, P. S. Thocars and L. N. Mavridis (eds.), Dordrech D. Reidel, 1982, pp. 151-160.

Pecker, J. C., « New vistas on the solar activity cycle », *Irish Astron. J.,* 1988, pp. 133-146.

Pecker, J. C., *The Global Sun, in The Solar Interior and Atmosphere,* A. N Cox, W.C. Livingston and M. S. Matthews (eds.), The University of Arizona Press, Tucson, 1991, pp. 1-30.

Ribes, E., Beardsley, B., Brown, T. M., Delache, Ph., Laclare, F., Kuhn, J. R., Leister, N. V., *The variability of the solar diameter,* The University of Arizona press, The Sun in Time, 1992, pp. 59-97.

Ribes, E., Ribes, J. C., Vince, I., Merlin, Ph., « A survey of historical and recent solar diameter observations », *Adv. Space Res.,* vol 8, 1988, pp. (7)129-(7)132.

Ribes, E., «Soleil – Étude de la dynamique de la zone convective solaire et ses conséquences sur le cycle d'activité », *C.R. Acad. Sc. Paris,* t. 302, série II , n°14, 1986, pp. 871-876.

Ribes, E., « The large-scale solar variability through the cycle », *Adv. Space Res.,* vol. 6, n°8, 1986, pp. 221-230.

Ribes, J. C., Nesme-Ribes, E., « The solar sunspot cycle in the Maunder minimum AD 1645 to AD 1715 », *Astron. Astrophys.,* 276, 1993, pp. 549-563.

Sakurai, K., « Quasi-biennal periodicity in the solar neutrino flux and its relation to the solar structure », *Solar Physics,* 74, 1981, pp. 35-41.

Sakurai, K., « The sun as an inconstant star », *Space science reviews,* 38, 1984, pp. 243-278.

Sofia, S., Heaps, W., Twigg, L. W., « The solar diameter and oblatness measured by the solar dick sextant on the 1992 September 30 ballon flight », *Astrophys. J.,* 427, 1994, pp. 1048-1052.

Stephenson, F.R. Yau, K. K. C., « A revised catalogue of far eastern observations of sunspots (165 BC to AD 1918), » *Q. J. Astr. Soc.,* 28, 1988, pp. 175-197.

Toulmonde, M., « The diameter of the Sun over the past three century, » *Astr. and Astrophys.,* 325, 1997, pp. 1174-1178.

Thuillier, G., Christophe, J., Dousset, C. and Fehrenbach, M., « Auroral occurrence from 1963 to 1970 as observed at Dumont d'Urville station », *Ann. Geophys.,* 4, 1986, pp. 247-257.

Thuillier, G., Hersé, M., Simon, P.C., Labs, D., Mandel, H., Gillotay, D., « Observation of the UV solar spectral irradiance between 200 and 350 nm during the ATLAS I mission by the SOLSPEC spectrometer », *Solar Phys.,* 171, 1997, pp. 283-302.

Thuillier, G., Hersé, M., Simon, P.C., Labs, D., Mandel, H., Gillotay, D., Foujols, T., « Observation of the visible solar spectral irradiance between 350 and 850 nm during the ATLAS I mission by the SOLSPEC spectrometer, » *Sol. Phys.,* 177, 1998, pp. 41-61.

第 4 章の参考論文

Baliunas, S., Donahue, R. A., Soon, W., Henry, G.W., « Activity cycles in lower main sequence and post main sequence stars : the HK project », *ASP Conf. Ser 154, The 10th Cambridge Workshop on cool stars, Stellar systems and the Sun,* Ed. R. A. Donahue and J. A. Bookbinder, 1998, p. 153.

Croll, J., *Climate and time in their geological relations : a theory of secular change of Earth's climate,* Éd. Stanford, London, 1875.

Donahue, R. A., *Long term Stellar activity : Three decades of observations,* IAU Symposium 176, eds. K. Strassmeier and J. L. Linsky (Kluwar : Dordrecht), 261, 1996.

Eddy, J., « The Maunder minimum », *Science,* 192, 1976, pp. 1189-1202.

Fairbridge, R.W., Shirley, J. H., « Prolonged minima and the 179-yr cycle of the solar inertial motion », *Solar Physics,* 110, 1987, pp. 191-200.

Foukal, P., Lean, J., « An empirical model of total solar irradiance. Variation between 1874 and 1988 », *Science,* 247, 1989, pp. 556-558.

Laclare, F., Delmas, C., Coin, J. P., Irbah, A., « Measurements and variations of the solar diameter », *Solar Physics,* 166, 1996, pp. 211-229.

Lean, J., Beer, J., Bradley, R., « Reconstruction of solar irradiance since 1610 : Implications for climate change », *Geophysical research Letters,* 22-23, 1995, pp. 3195-3198.

Mémoire de l'Académie Royale des Sciences, tome 10.

McKay, C. P., Thomas, G. E., « Consequences of a past encounter of the Earth with an interstellar cloud », *Geophys. Res. Let.,* 5, 1978, pp. 215-218.

Milankovitch, M., « Mathematische Klimalehre und astronomische Theorie der Klimaschwankungen », in *Handbuch der Klimatologie,* Köppen, W., und Geiger, R. (eds). Borntraeger, Berlin, 1930.

Mitchell, J. M., « An overview of climatic variability and its causal mechanisms », *Quat. Res.,* 6, 1976, pp. 481-493.

Ribes, E., Merlin, Ph., Ribes, J. C., Barthalot, R., « Absolute periodicities in the solar diameter, derived from historical and modern data », *Annales Geophysicae,* 7, 1989, pp. 321-330.

Ribes, E., Ribes, J. C., Barthalot, R., « Evidence for a larger sun with a slower rotation during the seventeenth century », *Nature,* 326, 1987, pp. 52-55.

Schaefer, B. E., « Sunspots that changed the world », *Sky and Telescope,* 1997, pp. 34-38.

Sokoloff, D., Nesme-Ribes, E., « The Maunder minimum : a mixed-parity dynamo mode ? », *Astron.Astrophys.,* 288, 1994, pp. 293-298.

Trellis, M., « Sur une relation possible entre l'aire des taches solaires et position des planètes », *C. R. Acad. Sc. Paris,* 262, série B, 1966, pp. 312-315.

Trellis, M., « Influence de la configuration du système solaire sur naissance des centres d'activité », *C. R. Acad. Sc. Paris,* 262, série B, 1966, pp. 376-377.

Willson, R. C., « Total solar irradiance trend during solar cycles 21 and 22 », *Science,* 77, 1997, pp. 1963-1964.

第 5 章の参考論文

Berger, A., Loutre, M. F., « Astronomical forcing through geological time », *Spec. Publ. Int. Ass. Sediment.,* 19, 1993, pp. 15-24.

Berger, A., « Astronomical theory of paleoclimates », in *Topics in atmospheric and interstellar physics and chemistry,* ERCA, C. Boutron (ed.), Les Éditions de Physique, Paris, 1994.

Berger, A., « Milankovich theory and climate », *Rev. Geophys.,* 26, 1988, pp. 624-657.

Bradley, R. S. et Jones, P. D., « Little ice age summer temperature variations : their nature and relevance to recent global warming », *Holocene,* 3, 1993, pp. 367-376.

Cubash, U., Voss, R., Hegerl, G. C., Waszkewitz, J., et Crowley, T. J., « Simulation of the influence of solar radiation variations on the global climate with an ocean-atmosphere general circulation model », *Climate Dynamics,* 13, 1997, pp.757-767.

Currie, R. G., O'Brien, D. P., *Deterministic signals in USA precipitation records,* Part Ⅱ , International Journal of Climatology, 12, 1992, pp. 373-379.

Currie, R. G., « Luni-solar 18.6 and solar 10-11 year signals in USA air temperature records », *International Journal of Climatology,* 13, 1993, pp. 31-50.

Damon, P. E., Sonett, C. P., *Solar and terrestrial components of the atmospheric ^{14}C variation spectrum,* C. R. Sonett, M. S. Giampapa, M. S. Mattews (eds.), University of Arizona, Tucson, 1991.

Dansgaard, W., « Evidence for general instability of past climate from a 250 kyr ice-core record », *Nature,* 364, 1993, pp. 218-220.

Duplessy, J. C., Arnold, M., Maurice, P., Bard, E., Duprat, J., Moyes, J., « Direct dating of the oxygen isotopes record of the last deglaciation by ^{14}C accelerator mass spectrometry », *Nature,* 320, 1986, pp. 350-352.

Duplessy, J. C., Blanc, P. L., Be, A. W. H., « Oxygen-18 enrichment of planktonic foraminifera due to the gametonic calcification below the euphotic zone», *Science,* 213,1981, pp. 1247-1250.

Duplessy, J. C., Labeyrie, L., Arnold, M., Paterne, M., Duprat, J., van Weering, T. C. E., « Changes in surface salinity of the North Atlantic ocean, during the last deglaciation », *Nature,* 358, 1992, pp. 485-488.

Duplessy, J. C., Moyes, J., Pujol, C., « Deep water formation in the North Atlantic ocean during the last ice age », *Nature,* 286, 1980, pp. 479-482.

Friis-Christiansen, E. et Lassen, K., « Length of the solar cycle : an indicator of solar activity closely associated to climate », *Science,* 254, 1991, pp. 698.

Ghil, M., *Quaternary glaciations : Theory and observations,* C. R. Sonett, M. S. Giampapa, M. S. Mattews (eds.), University of Arizona, Tucson, 1991.

Hansen, J., Lacis, A., Ruedy, R., Sato, M., et Wilson, H., « Global climate change », *National Geographic Research Explorer,* 9, 1993, pp. 143-158.

Hansen, J., Lacis, « Sun and dust greenhouse gates : an assement in their relative role in global climate change », *Nature,* 346, 1990, pp. 713-719.

Hood, L. L., et Mc Cormack, J. P., « Components of interannual ozone change based on NIMBUS 7 TOMS data », *Geophys. Res. Lett.,* 19, 1992, pp. 2309-2312.

Jouzel, J., et al., « Extending the Vostock record of paleoclimate to the penultimate glacial period », *Nature,* 364, 1993, pp. 407-412.

Kerr, R. A., « A new dawn for sun-climate links ? », *Science,* 271, 1996, pp. 1360-1361.

Lamb, H. H., *Climate : Past, and future,* vol.2., Methuen and Co, Ltd, London, 1977.

Lamb, H. H., « Volcanic dust in the atmosphere, with a chronology and assessments of its meteorogical significance », *Philos. Trans. Roy. Soc. of London,* A266, 1970, pp. 425-533.

Lassen, K., et Friis-Christensen, E., « Variability of the solar cycle length during the past five centuries and the apparent association with terrestrial climate », *J.Atm. Terr. Phys.,* 57, 1997, pp. 835-845.

Lean, J., Beer, J. et Bradley, R., « Reconstruction of solar irradiance since 1610 : Implications for climate change », *Geophysical Research Letters,* 22-23, 1995, pp. 3195-3198.

Lean, J., « The sun's variable radiation and its relevance for the Earth », *Annu. Rev. Astron. Astrophys.,* 35, 1997, pp. 33-67.

Lee, R. B., « Implications of solar irradiance variability upon long term changes in the Earth's atmospheric temperature », *J. of the Nat. Technology Association,* 65, 1992, pp. 65-71.

Legrand, J. P., Le Goff, M., « Louis Morin et les observations météorologiques sous Louis XIV », *La Vie des Sciences, Comptes Rendus, série générale,* tome 4, 1996, pp. 251-281.

Legrand, J. P., Le Goff, M., and Mazaudier, C., « On the climatic change and the sunspot activity during the XVIIe century », *Annales Geophysicae,* 8, 1990, pp. 637-644.

Matthews, J. A., « Little Ice Age paleotemperature from high altitude tree growth in south Norway », *Nature,* 264, 1976, pp.243-245.

Mazaud, A., Laj, C., Bard, E., Arnold, M., et Tric, E., « Geomagnetic field control of ^{14}C production over the last 80 kyr : Implications for the radiocarbon time-scale », *Geophys. Res. Lett.,* 18, 1991, pp. 1885-1888.

Pestiaux, P., Van der Mersh, Berger, A., et Duplessy, J. C., «Paleoclimatic variability at frequencies ranging from 1 cycle per 10000 years to 1 cycle to 1000 years : Evidence for non linear behaviour of the climate system », *Climatic Change,* 12, 1988, pp. 9-37.

Petit, J. R., Jouzel, J., Raynaud, D., Barkov, N. I., Barnola, J. -M., Basile, I., Benders, M., Chapellaz, J., Davis, M., Delaygue, G., Delotte, M., Kotlyakov, V. M., Legrand, M., Lipenkov, V. Y., Lorius, C., Pépin, L., Ritz, C., Saltzman, E., et Stievenard, M., « Climate and atmospheric history of the past 420000 years from the Vostok ice core, Antarctica », *Nature,* 399, pp. 428-436, 1999.

Pfister, C., « Monthly temperature and precipitation in central Europe 1525-1979 »,in *Climate since A. D. 1500.,* R. S. Bradley and P. D. Jones (eds.), Routledge London, 1992, pp. 118-141.

Priem, H. N. A., « CO_2 and climate : a geologist's view », *Sp. Sci. Rev.,* 81, 1997, pp. 175-198.

Programme international géosphère et biosphère (PIGB), lettre n°5, 1996.

Ribes, E., Ribes, J. C., et Barthalot, R., « Evidence for a larger sun with a slower rotation during the seventeenth century », *Nature,* 326, 1987, pp. 52-55.

Sadourny, R., « *Maunder minimum and Little Ice Age : Impact of a long-term variation of the solar flux on the energy and water cycle, NATO ASI series,* vol. 22, J. C. Duplessy and M. T. Spyridakis (ed.), Springer-Verlag, Berlin Heidelberg, 1994.

Sadourny, R., *Sensitivity of climate to long term variations of the solar output, in The solar engine and its influence on terrestrial atmosphere and climate,* E. Nesme-Ribes (ed.), NATO ASI Series, Series I , vol. 25, Springer Verlag, 1994.

Schwarzbach, M., *Wegener. Le père de la dérive des continents,* Éditions Belin, 1985.

Sonett, C. P., « Is radiocarbon a « Tracer » for long period solar variability ? », *J. Geomag. Geoelectr.,* 43, 1991, pp. 803-810.

Soon, W. H., Posmentier, E. S., Baliunas, S. L., « Inference of solar variability from terrestrial temperature changes, 1880-1993 : An astrophysical application of the sun-climate connection », *Astrophys. J.,* 472, 1996, pp. 891-902.

Spray, J. G., Kelley, S. P., and Rowley, D. B., « Evidence for a late Triassic multiple impact event on Earth », *Nature,* 392, 1998, pp. 171-173.

Stuiver, M., Braziunas, T. F., « Sun, ocean, climate $^{14}CO_2$: an evaluation of causal and spectral relationships », *Holocene,* 3, 1993, pp. 289-305.

Svensmark, H., et Friis-Christensen, E., « Variation of cosmic ray flux and global cloud coverage - a missing link in solar-climate relationships », *J. Atm. Solar Terres. Phys.,* 59, 1997, pp. 1225-1232.

Van der Dool, H. M., Krijnen, H. J., and Schuurmans, C. J. E., « Average winter temperature at the Bilt (The Netherland) : 1634-1977 », *Climatic Change,* 1, 1978, pp.319-330.

第 6 章の参考論文

Damon, P. E. et Jirikowic, J. L., « Solar forcing on global climate change », *in Radiocarbon after four decades,* R. E. Taylor, A. Long, R. S. Kra(eds.), Springer-Verlag, 1992.

Dessus, B., *Énergie, un défi planétaire,* Éd. Belin, 1996, reedition 1999.

Howard, W. R., « A warm future in the past », *Nature,* 388, 1997, pp. 418-419.

Houghton, J. T., Meria Filho, L. G., Callander, B. A., Harris, N., Kattenberg, A., et Maskell, K., *Climate Change 1995,* published for the Intergovernmental Panel on Climate Change, Cambridge University Press, Cambridge, 1995.

Hoyt, D.V. et Schatten, K. H., « Group sunspot numbers : A new solar activity reconstruction », *Solar Phys.,* 178, 1998, pp. 206-219.

Jastrow, R., Nierenberg, W., et Seitz, F., *Global warming up date : Recent scientific findings,* George C. Marshall Institute, Washington, 1992.

Kelly, P.M., et Wigley, T.M.L., « Solar length, greenhouse forcing and global climate », *Nature,* 360, 1992, pp. 328-333.

Lockwood, M., Stamper, R., et Wild, M. N., A doubling of the Sun's coronal magnetic field during the past 100 years, Nature, 399, 437-439, 1999.

Schlesinger, M. et Ramankutty, N., « Implications for global warming of intercycle solar irradiance variations », *Nature,* 360, 1992, pp. 330-333.

Scatten, K. H. et Arking, H, *Climate impact of solar variability,* NASA-CP-3086, 1990.

Shindell, D., Rind, D., Balachandran, N., Lean, J., et Lonergan, P., « Solar cycle variability, Ozone and Climate », *Science,* 284, 1999, pp. 305-308.

おわりにの参考論文

G. Thuillier, P. Zhu, A. I. Shapiro, S. Sofia, R. Tagirov, M. van Ruymbeke, J.-M. Perrin, T. Sukhodolov, and W. Schmutz, Solar disc radius determined from observations made during eclipses with bolometric and photometric instruments on board the PICARD satellite 2017, A & A, 0.1051/0004-6361/

訳者あとがき
原著出版後の研究の動向

　原著の目的は、太陽からくる放射（太陽定数）の地球気候への影響を述べることであった。特に、太陽半径の変動および太陽活動（黒点、白斑などの盛衰）の変動が、太陽定数に変動をもたらす可能性を主張しているものであった。その議論の展開は、過去の観測を詳しく再検討して得られた結果をもとにしている。原著者らは、この主張に基づいて、新たに現代的な手法で宇宙空間から精密な観測を行うプロジェクトを提案した。その提案は 2004 年に承認され、スペース観測を行うため 2010 年にフランス国立宇宙研究センターによって太陽観測衛星 PICARD（ピカール）が打ち上げられた。太陽半径観測は 11cm 口径の望遠鏡で太陽を色々な波長の光で撮像する装置（Solar Diameter Imager and Surface Mapper）を用いて行われた。人工衛星は太陽同期軌道で運用され、長期連続的に太陽像を多数撮影することに成功したものの、2014 年に寿命となりスペース観測はその時点で終了した。

　2010 〜 2014 年の 5 年間のデータを用いて太陽半径の変動をまとめたものが、2015 年に発表された（Meftah et al., ApJ 808:4, 2015）。観測されたのは 2008 年 12 月に始まる太陽活動サイクル 24 で黒点数が上昇している期間であった。その結果によると、「太陽半径はこの期間、変動が見られなかった。太陽半径は変動があっても ± 14.5km より小さく、黒点数との関係は見つからなかった」というものであった。したがって、原著者らが予想したような黒点数の増加と太陽半径の減少とはサイクル 24 では起こっていなかったことになる。ところが、この黒点数と太陽半径の逆相関関係は、PICARD 衛星に先立つ欧米の太陽観測衛星 SOHO 搭載の MDI（Michelson Doppler

Imager）の結果によると、太陽活動サイクル 23 では弱いながらも確認されていた。この一見矛盾する結果は議論を巻き起こし、現在まだまとまった見解が得られていない状態である。一方、太陽活動と太陽から地球に向けて放射されるエネルギー（太陽定数あるいは全照射量（Total Solar Irradiance (TSI)）との相関は、これまで観測された期間では、正の相関が確認されている。太陽半径の変動は、太陽活動とは無関係なのであろうか、この問いは実はまだ答えが見つかっていないのである。

　統一した見解が得られていないのには、少なくとも次のことが絡んでいる。太陽活動サイクル 24 がそれ以前の活動サイクルとは様相が違う点である。サイクル 24 は、黒点数がそもそも少ない異常なサイクルなのである（常田佐久『太陽で何が起きているか』文春新書、2013 年）。この異常な太陽活動サイクルの振舞いが、黒点数 – 太陽半径の関係に影響を与えているかもしれないのである。

　このサイクル 24 の異常性は、原著者のもともとの予想と大きく違う点を思い出させる。原著者らは、太陽活動の長期変動性（11 年周期のシュワーベ・サイクル、90 年周期のグライスベルグ・サイクルと 200 年周期のスエス・サイクル）の重ね合わせから、サイクル 24 とそれに引き続く時代は太陽活動が活発化すると予想していた。そして、そのことから地球の気候は温暖化に向かうと予想していた。ところが、予想に反してサイクル 24 の太陽活動は低調であるのである。このことは、太陽活動の様々な経験的周期変動を単純に未来に向けて延長することは注意しないといけないことを教えている。

　以上の点を踏まえると、確かに太陽活動と TSI との間には正の相関があって、それが地球気候システムのフィードバック効果によって長期の気候変動に寄与していることは確かであろうと思われる。ただし、太陽活動そのものの本当の理解がいまだ我々はできていない。経験的にみられる長期変動を説明する見解はいまだ得られていない。この真の見解が得られて初めて、地球気候の未来に対する太陽活動の影響が正しく見積もれるのであろうと思われる。若い世代の人たちが、我々の生活の基盤となる地球の気候問題に関心を

もち、新しい展望を開いていくことを期待している。

2019 年 3 月吉日

訳者　北井礼三郎

事項索引

[A-Z]

CFC　　133, 185, 188, 199
CLIMAP　　171
GRIP　　158
HCFC　　133, 188
HFC　　133, 188
MDI　　68, 91, 209
SOHO　　68, 85, 91, 209
TOPEX/POSEIDON　　181, 200
UARS　　85

[ア行]

アカデミー・フランセーズ　　21
亜酸化窒素　　185, 188, 198
アセノスフェア　　136
アルベド　　132, 148, 193, 201, 210
『アルマゲスト』　　5
イエズス会　　23
隕石　　138
ウォルフ・ミニマム　　79, 107
宇宙線　　169
ウラニア宮殿　　8
ウラニボリ　　8, 49, 96
エアロゾル　　138, 179, 190, 210
　　火山起源の──　　137
　　人為──　　189
　　生物起源の──　　140
エルニーニョ　　151
王のゾーン　　73
王立科学アカデミー　　20
王立協会　　21
オーロラ　　75, 97
オゾン　　133, 134, 168, 185, 188
オルドビス紀　　123, 125, 134
温室効果　　131, 157, 180, 210
　　──ガス　　132, 134, 190
温度計　　117

[カ行]

海洋の循環　　145
海洋の膨張　　180
カオス　　154, 174

核融合反応　　60

火山噴火　　139
花粉　　119
　　──学　　119
カリウム40　　122
ガリレオ式望遠鏡　　13
完新世　　125
カンブリア紀　　125
気圧計　　117
気候モデル　　170
暁新世　　125
矩　　55, 212
屈折望遠鏡　　37, 211
グライスベルグ・サイクル　　72, 82, 88,
　　107, 155, 162, 172, 183
経度　　24, 31, 33
決定論　　174
光化学反応　　151
光球　　61, 62
光行差　　47
更新世　　124, 125
降水　　181
　　──量　　162
黒点　　10, 11, 16, 18, 94, 175
　　──発生の周期性　　69
古生代　　123
コロナ　　61, 65

[サ行]

サイクロイド　　37, 213
彩層　　61, 64
差動回転　　66, 68, 81, 81, 82, 100
サンゴ礁　　118
三畳紀　　125
酸素同位体　　121
紫外線　　167
時間の測定　　34, 36
磁気圏　　76
始新世　　125
四分儀　　39
17世紀の小氷河期　　123, 128, 165
周辺減光効果　　65

シュペーラー・ミニマム　73, 78, 79, 107
ジュラ紀　125
シュワーベ・サイクル　71, 82, 86, 90, 94,
　106, 155, 160, 162, 176, 183
準2年振動　89, 155, 169, 214
春分点・秋分点の歳差　4
植物プランクトン　140, 150
シルル紀　125
人為放出物質　182, 185
森林破壊　199
水蒸気　132, 193
スエス・サイクル　72, 107, 183
生物ポンプ　150
石炭紀　125
赤道座標　41, 215
先カンブリア時代　123, 125
鮮新世　125
漸新世　124, 125
造山運動　136, 216

[タ行]

大気循環　142, 168
堆積学　121
堆積層　79
太陽　129, 190
　——型変光星　105
　——活動　182
　——光度の永年変化　112
　——磁場　81
　——スペクトル　63, 84
　——直径　88, 98
　——定数　83, 176
　——定数の変動　86
　——定数の復元　100
　——の構造　61
　——の自転　66, 100, 216
　——風　87
大陸移動　136
大陸極冠　119
対流層　61, 62
ダルトン・ミニマム　72
炭素　78
　——サイクル　149
　——の同位体　78
炭素14　122, 154

地球温暖化　180
地球軌道パラメーターの変動　140
地球の熱収支　131
地球半径　32
地質学的温度　120
地質圏と生物圏の国際プログラム　200
地質年代　125
地図　31
窒素酸化物　133
中国での天体観測法　11
中新世　125
中世高温期　78, 79, 123, 127
中生代　123
蝶型図　73, 97
低温湧昇水　151
デボン紀　125
天体位置表　34, 35, 218
天体直径の測定　51
動物プランクトン　150
トラップ　139, 219
トリウム230　122

[ナ行]

二酸化炭素　132, 157, 185, 197
27カ月周期　106
日震学　67, 91, 219
熱塩循環　145, 150, 157, 167
年輪気候学　118
年輪年代　118
　——学　78

[ハ行]

ハインリッヒ・イベント　146, 163
白亜紀　123, 124, 125
ハドレー循環　142, 144, 162, 171, 193
ハドレー・セル　142
パリアカデミー　21
パリ天文台　24
ハルシュタット・サイクル　110, 184
ハロカーボン物質　133
反射望遠鏡　37, 219
光の速度　50
ビクトリア湖　162
非線形効果　129
氷河　118

氷河期　124
　　最終──　123
ファキュラ　17, 65, 94, 100
フィードバック作用　177, 201
　　正の──　129, 148, 152, 156, 157
　　負の──　129, 151, 156, 157
フラウンホーファー線　63
振り子時計　37
『プリンキピア』　46
プレート　136, 220
　　──テクトニクス　136, 220
ヘール・サイクル　75, 155
ベリリウム 10　79, 154
ペルム紀　123, 125
扁平化　55
貿易風　151
望遠鏡　38
放射計　85, 220
放射ゾーン　62
ホットスポット　153

[マ行]
マイクロメーター　52
マウンダー・ミニマム　73, 78, 79, 82, 97,
　　107, 163, 164, 172, 175, 179
水の循環　135
ミディ運河　48
ミランコビッチ効果　133, 134, 154, 158,
　　178
ミランコビッチ・サイクル　111, 141
メタン　133, 185, 187, 198

[ヤ行]
ヤンガードリアス　146, 163
有孔虫　121

[ラ行]
リソスフェア　136, 221
粒状斑　62
ルドルフ表　9

[ワ行]
惑星の影響　107

人名索引

［ア行］

アインシュタイン（Einstein, Albert） 60
アデマール（Adhémar, Joseph） 111
アボット（Abbot, Charles） 84, 138
アリスタルコス（Aristarchus of Samos） 4
アルフォンソ 10 世（Alfonso X） 6
ウィルソン（Wilson, Olin） 105
ウェゲナー（Wegener, Alfred） 136
ウォルフ（Wolf, Rudolf） 70
エラトステネス（Eratosthenes） 46
オーズー（Auzout, Adrien） 22, 34, 52
オルデンブルグ（Oldenburg, Henry） 46

［カ行］

ガスコイン（Gascoigne, William） 53
ガッサンディ（Gassendi, Pierre） 43, 76
カッシーニ（Cassini, Jean-Dominique） 22,
　35, 40, 45, 54, 96
ガリレオ（Galilei, Galileo） 18, 34
キャリントン（Carrington, Richard） 66
キルヒホッフ（Kirchhoff, Gustav） 64
グラント（Grant, Robert） 44
グレンドルジュ（Graindorge, André） 44
クロール（Croll, James） 111
ケプラー（Kepler, Johannes） 9, 37
ケルビン卿　→トムソン
コペルニクス（Copernicus, Nicolaus） 6, 7
コルベール（Colbert, Jean-Baptiste） 20,
　21, 24, 31, 48
コンドルセ（Condorcet, Jean Antoine） 47

［サ行］

シャイナー（Scheiner, Christopher） 15,
　95
シュテルマー（Störmer, Carl） 87
シュペーラー（Spörer, Gustav） 72
シュワーベ（Schwabe, Heinrich） 70
セルシウス（Celsius, Anders） 117

［タ行］

デカルト（Descartes, René） 44
トーマス（Thomas, Antoine） 23

トムソン（Thomson, William ／ケルビン卿）
　60
ドランブル（Delambre, Jean-Baptiste） 17,
　44, 54

［ナ行］

ニュートン（Newton, Isaac） 10, 31, 46,
　47

［ハ行］

パーカー（Parker, Eugene） 81, 87
バーノン（Vernon, Francis） 44
ハドレー（Hadley, George） 142
バブコック（Babcock, Harold） 74, 80, 82
ハリオット（Harriot, Thomas） 14, 16
バルトリン（Bartholin, Erasmus） 44, 50
ビアマン（Biermann, Ludwig） 87
ピカール（Picard, Jean） 22, 27, 35, 40,
　42, 49, 51, 54, 57, 95, 98
ピタゴラス（Pythagoras） 2
ヒッパルコス（Hipparchus） 4, 33
ビルケランド（Birkeland, Kristian） 87
ファーレンハイト（Fahrenheit, Daniel）
　117
ファブリチウス（Fabricius, Johannes） 15
ブイヨー（Boulliau, Ismaël ） 44
フェリペ 2 世（Felipe Ⅱ） 19, 33
フェルディナント 2 世（Ferdinand Ⅱ） 19
フェルマー（Fermat, Pierre de） 44
フック（Hooke, Robert） 53
プトレマイオス（Ptolemy） 5
ブラーエ（Brahe, Tycho） 8, 9, 49
フラウンホーファー（Fraunhofer, Joseph
　von） 63
ブラッドレー（Bradley, James） 47
フレデリック 2 世（Frederick Ⅱ） 8
ブンセン（Bunsen, Robert） 64
ヘール（Hale, George） 75
ヘラクレイデス（Heraclides Ponticus） 2
ペラン（Perrin, Jean） 60
ペロー（Perrault, Claude） 26
ペロー（Perrault, Charles） 26, 35, 48

事項索引／人名索引

ホイヘンス（Huygens, Christiaan）　22, 37
ポルタ（Porta, Jean-Baptiste）　14
ホレボウ（Horrebow, Christian）　69

［マ行］
マウンダー（Maunder, Edward）　73
マリウス（Marius, Simon）　16
ミランコビッチ（Milankovitch, Milutin）
　111, 126
メイラン（Mairan, Jean-Jacques Dortou de）
　76, 97
メルセンヌ（Mersenne, Marin）　21, 37, 43
モーペルチュイ（Maupertuis, Pierre-Louis
　de）　129
モーラン（Morin, Louis）　117, 128

［ヤ行］
ヤンセン（Janssen, Zacharias）　14

［ラ行］
ラ・イール（La Hire, Philippe de）　23, 40,
　54
ラグランジュ（Lagrange, Louis de）　111
ラプラス（Laplace Pierre-Simon）　108,
　111
ラングレー（Langley, Samuel）　83
リケ（Riquet, Pierre-Paul de）　48
リシェ（Richer, Jean）　24, 33
リッペルヘイ（Lipperhey, Hans）　14
ルイ 14 世（Louis XIV）　20
ルドルフ 2 世（Rudolf II）　9
ル・ベリエ（Le Verrier, Urbain）　111, 117
レーマー（Römer, Ole Christensen）　23,
　41, 50
レオミュール（Réaumur, René Antoine
　Ferchault de）　117
ロベルバル（Roberval, Gilles Personne de）
　22

エリザベート・ネム゠リブ（Élisabeth Nesme-Ribes[†]）

理学博士。CNRS（フランス国立科学研究センター）主任研究者、ムードン天文台天文学者。
太陽物理学の研究が主たる科学的業績である。

ジェラール・チュイリエ（Gérard Thuillier）

理学博士。CNRS研究技師、CNRS航空局地球物理学者。
科学的活動分野は、太陽と地球大気の関係である。

北井 礼三郎（きたい・れいざぶろう）

1948年生まれ。1970年京都大学理学部卒業。1983年理学博士（京都大学大学院理学研究科）。
専門は太陽物理学。2013年京都大学理学研究科附属天文台を定年退職。
現在、認定NPO法人花山星空ネットワーク監事、立命館大学非常勤講師。
著書に、日本天文学会編『現代の天文学10　太陽』（日本評論社、2009年、共著）、『太陽活動
1992-2003／Solar Activity in 1992-2003』（京都大学学術出版会、2011年、共著）がある。平
成25年度文部科学大臣表彰科学技術賞理解増進部門受賞。

太陽活動と気候変動
フランス天文学黎明期からの成果に基づいて

2019年4月25日　初版1刷発行	エリザベート・ネム゠リブ　著 ジェラール・チュイリエ 北井 礼三郎 訳 発　行　者　片岡　一成 印刷・製本　株式会社シナノ 発　行　所　株式会社 恒星社厚生閣 〒160-0008　東京都新宿区四谷三栄町3番14号 TEL 03-3359-7371／FAX 03-3359-7375 http://www.kouseisha.com/
（定価はカバーに表示）	

ISBN978-4-7699-1634-5 C0044

JCOPY ＜出版者著作権管理機構 委託出版物＞

本書の無断複製は著作権法上での例外を除き禁じられています。
複製される場合は、そのつど事前に、出版者著作権管理機構（電
話 03-5244-5088、FAX 03-5244-5089、e-mail: info@jcopy.or.jp）
の許諾を得てください。

● **好評既刊書**

"不機嫌な"太陽
―気候変動のもうひとつのシナリオ

H. スベンスマルク、N. コールダー 著
桜井邦朋 監修　青山　洋 訳
A5判／252頁／並製／定価（本体2,800円＋税）
978-4-7699-1213-2　C1044

太陽活動低下等により地球大気中へ宇宙線の侵入量が増加し下層雲を形成。その結果、地球が寒冷化するという学説を、主観や感情を交えず平易な言葉で語る。この太陽と宇宙を操る「シナリオ」が、喫緊の問題として取り上げられている気候変動の未来予想に一石を投じる。海外で話題となった著作の邦訳本。

移り気な太陽
―太陽活動と地球環境との関わり

桜井邦朋 著
四六判／172頁／並製／定価（本体2,100円＋税）
978-4-7699-1232-3　C1044

本書は、気候変動に果たす太陽の役割を、著者の半世紀にあまる多大な研究成果から解明する。その研究成果は、太陽の自転速度、黒点、宇宙線、惑星間磁場などが地球気候に大きく影響を与えていることを示した。太陽系の中の地球という新しい観点から、地球環境を考える注目の書。

太陽へのたび
―現在・過去・未来（アインシュタインシリーズ3）

川上新吾 著
A5判／208頁／並製／定価（本体3,300円＋税）
978-4-7699-1046-6　C3044

太陽は地球から最も近くにあり、表面の様子を詳しく観測できる恒星である。本書は、太陽と地球との関わり、太陽研究前史にふれ、さらに太陽研究の基礎から観測衛星「ひので」の最新知見を盛り込みながら、太陽の内部構造、太陽表面で起こっている様々なダイナミックな現象まで、あらゆる角度からその全貌を解き明かす。

恒星社厚生閣